卷首语

"5.12"噩梦般的经历已渐行渐远，举国阴霾的情绪也正趋于平复。但重灾过后，我们依然任重道远，如何迅速有效地重建家园，恢复灾区民众正常的生产、生活条件，重拾他们对于生活的信心已经迅速上位，成为目前开展工作的重中之重。这意味着，单纯的情感宣泄与远景勾勒已不合时宜，是否坚持稳扎稳打、步步为营的缜密思考与言行必果的雷厉做派才是决定此时攻坚成败的关键因素。作为专业媒体，我们自然对此"有话要说"，故而便有了读者面前这一开辟了大量篇幅予以探讨的《住区》主题——"灾后重建"。

虽然题目如此，但我们并不愿一味将涉及内容局限于"灾后"的特殊时段，这取决于我们对震灾的基础认识。无疑，人类对地震的恐惧与生俱来，毕竟，没有什么比来自脚下安身立命之所的威胁更令人生畏。更何况，其无论从规模，还是造成的生命与财产损失，均为最严重的自然灾害之一。颇有些不可思议的是，相比于不着边际的浩瀚天空，我们对亲近的土地之下的世界在某些方面所知更为有限，这种神秘与陌生加重了我们的恐惧。而且，不安分的地块位移超越了时间与空间的限制，使得我们面临的境况更加棘手。在即时监控、精确预报于技术层面尚无法实现的今天，对于这种无可遏止的自然灾害，我们惟有心存敬畏，以未雨绸缪的姿态，见招拆招，方能在严峻的形势下得以自保并维持生息。

一切从"人"出发，当我们树立这一原则，深入问题的本质，便会发现灾难毁灭性的力量恐怕并不应仅仅归咎于自然的暴戾。其如同一把双刃剑，在涂炭生灵的同时，也用锐利的锋芒，一并撕下生活中的若干谎言与面具。当天灾遭遇人祸，我们往往会陷入顾此失彼、进退失据的窘境，也使得呈几何级数般增长的破坏能量更加触目惊心。

因此，呈现在读者面前的这本《住区》，尽可能地将有关"重建"的讨论延伸，以覆盖震灾的方方面面。我们力求建构从建筑教育、标准制定、先期预防直至后期安置立体而交叉的坐标系，使论述能够从中心发散出去，又互相牵连，从而使理论、技术研究与个案分析均具备内在的张力，得以更加丰满与鲜活。

本期《住区》出版之时，全国企盼的北京奥运会也已经华彩开幕。作为最富影响力的世界盛事，国人对它的关注自申奥成功之日起便未曾游离。"人"依然是其中无可争议的焦点所在。但在欣赏精彩纷呈的赛事的同时，我们也不应该冷落那些笑迎八方、诚接四海的奥运设施，它们同样是直接展示国家、人民风范与气度的重要窗口。奥运村便是其中的重要一环，自1924年首次设立以来，伴随现代奥运的历史沉浮，其已经成为各国运动员、官员居住和赛场外交流友谊的乐园。而其建设和服务标准，也成为衡量该届奥运会组织工作的重要因素。《住区》将在下期的特别策划中引领视线，聚焦2008年北京的奥运村项目，在此特别提请广大读者给予特别关注。

总第32期 04/2008

住区
DESIGN COMMUNITY

灾后重建

图书在版编目（CIP）数据

住区.2008年.第4期/《住区》编委会编.
—北京：中国建筑工业出版社，2008
ISBN 978-7-112-10258-7

I.住… II.住… III.住宅-建筑设计-世界
IV.TU241

中国版本图书馆CIP数据核字（2008）第118178号

开本：965X1270毫米1/16　印张：7½
2008年8月第一版　2008年8月第一次印刷
定价：36.00元
ISBN 978-7-112-10258-7
　　　　(17061)

中国建筑工业出版社出版、发行(北京西郊百万庄)
各地建筑书店、新华书店经销

利丰雅高印刷（深圳）有限公司制版
利丰雅高印刷（深圳）有限公司印刷
本社网址：http://www.cabp.com.cn
网上书店：http://www.china-building.com.cn

版权所有　翻印必究
如有印装质量问题，可寄本社退换
（邮政编码 100037）

目录

主题报道　　　　　　　　　　　　　　　　　　　　　　　　　Theme Report

05p. 关于地震，建筑大师如是说　　　　　　　　　　　　　　　　　　　《住区》整理
　　　As to earthquake, the master says…　　　　　　　　　　　　　Community Design

08p. 救灾要急，重建要缓　　　　　　　　　　　　　　　　　　　　　　　邵　磊
　　　——从汶川县城重建的争论谈起　　　　　　　　　　　　　　　　　Shao Lei
　　　Swift rescue and cautious reconstruction:
　　　Debates on the reconstruction of Wenchuan city

14p. 灾后应急性修建的几种方式　　　　　　　　　　　　　　　　　　　　张　一
　　　Lash-up construction methods in post-disaster situation　　　Zhang Yi

18p. 民众参与灾后重建的途径探讨　　　　　　　　　　　　　　　　　　唐　静　王　蔚
　　　Investigation on tenant participation in post-disaster construction　　Tang Jing and Wang Wei

22p. 何乐而不用干墙　　　　　　　　　　　　　　　　　　　　　　　　　楚先锋　苏　加
　　　——汶川震后看建筑隔墙的抗震问题　　　　　　　　　　　　　　Chu Xianfeng and Su Jia
　　　Why not dry-wall?
　　　Reevaluation of seismic design of partition walls after Wenchuan earthquake

26p. 回归建筑教育的本源　　　　　　　　　　　　　　　　　　　　　　　杨青娟
　　　——写在"5.12"汶川大地震之后　　　　　　　　　　　　　　　Yang Qingjuan
　　　Return to the essence of architecture education
　　　After Wenchuan earthquake

30p. 可以经受住地震考验的城市设计　　　　　　　　　　　　　　　　　　叶晓健
　　　——谈防灾建筑规划与设计　　　　　　　　　　　　　　　　　　Ye Xiaojian
　　　Earthquake-proof urban design
　　　On earthquake-proof planning and design

36p. 日本城市规划与建筑设计领域的防震经验　　　　　　　　　　　　　韩孟臻　官菁菁
　　　An Introduction to Earthquake Prevention in City Planning and　　Han Mengzhen and Guan Jingjing
　　　Architecture Design in Japan

40p. 日本超高层住宅设计手法　　　　　　　　　　　　　　　　　　　　　叶晓健
　　　——环境空间和防灾抗震技术的结合　　　　　　　　　　　　　　Ye Xiaojian
　　　Super high-rise housing design in Japan
　　　Integration of environmental space and earthquake resistance technologies

46p. 1995年日本阪神地震后的建筑结构抗震设计　　　　　　　　　　潘　鹏　叶列平　钱稼茹　赵作周
　　　Seismic building structure design after 1995 Kobe earthquake　　Pan Peng, Ye Lieping, Qian Jiaru and Zhao Zuozhou

51p. 可再生的住所　　　　　　　　　　　　　　　　　　　　　　　　　　坂　茂
　　　——纸管建筑　　　　　　　　　　　　　　　　　　　　　　　　Shigeru Ban
　　　Recycling dwelling: paper pipe building

56p. 箭头区域地方医疗中心　　　　　　　　　　　　　　　　　　BTA—博布罗／托马斯联合事务所
　　　——一幢可自给的医院大楼　　　　　　　　　　　　　　　BTA-Bobrow/Thomas&Associates
　　　Arrow District regional medical center: a self-sufficient hospital building

60p. 格拉纳达大学的理工学院　　　　　　　　　　　　　M·A·格雷西尼，略皮斯及J·E·马提内兹·德·安格鲁
　　　——完美的对称　　　　　　　　　　　　　　　　　M. A. Graciani, Llopis and J. E. Martinez de Angulo
　　　Faculty of Science and Engineering, Universidad de Granada
　　　Impeccable symmetry

住区
COMMUNITY DESIGN

CONTENTS

66p. 新西兰提帕帕·汤格里瓦国立博物馆 —— 文化交流的桥梁
Museum of New Zealand Te Papa Tongarewa
A cultural bridge
JASMAX建筑师事务所
JASMAX Architects

大学生住宅论文 — Papers of University Students

72p. <90m², -90m²-, >90m²
—— 关于90m²住宅政策的一次探索性课题
<90m², -90m²-, >90m²
An investigation under the 90m² policy
何崴
He Wei

74p. 自由组合住宅——Box
Free grouping dwelling: Box
岳宏飞
Yue Hongfei

80p. 集合住宅设计
Collective housing design
葛晓婷
Ge Xiaoting

84p. 集合住宅设计——立体街区
Collective housing: a 3-dimentional district
李博
Li Bo

88p. 集合住宅设计
Collective housing design
谌喜民
Chen Ximin

94p. 复合住宅
Multiple Dwelling
申佳鑫
Shen Jiaxin

本土设计 — Local Design

98p. 少些喧哗，多些变化 —— 上海万科深蓝别墅
Less Vociferation, More Transformation
Shanghai Vanke Deep-blue Townhouse
王箭 艾侠
Wang Yu and Ai Xia

106p. 异域风情 典雅生活 —— 浅析"北京龙湖·滟澜山"景观设计
Exotic atmosphere and elegant life
The landscape design of Rose and Ginkgo Villa
北京源树景观规划设计事务所
R-Land

社会住宅 — Social Housing

112p. 楼市调控与品质地产
Market control and quality estate
顾云昌
Gu Yunchang

116p. 莫为浮云遮望眼 —— "限价房"引发的住房保障问题思考
Long-term consideration not to be dodged
Reflections on welfare housing induced by price-regulated housing
刘力 邹毅
Liu Li and Zou Yi

封面：四川都江堰聚源中学地震废墟上的鲜花（摄影：北京清华城市规划设计研究院 尹稚）

中国建筑工业出版社
联合主编：清华大学建筑设计研究院
　　　　　深圳市建筑设计研究总院有限公司
编委会顾问：宋春华 谢家瑾 聂梅生 顾云昌
编委会主任：赵晨
编委会副主任：孟建民 张惠珍
编委：（按姓氏笔画为序）
万钧 王朝晖 李永阳
李敏 伍江 刘东卫
刘晓钟 刘燕辉 张杰
张华纲 张翼 季元振
陈一峰 陈燕萍 金笠铭
赵文凯 胡绍学 曹涵芬
董卫 薛峰 魏宏扬
名誉主编：胡绍学
主编：庄惟敏
副主编：张翼 叶青 薛峰
执行主编：戴静
责任编辑：王潇
特约编辑：王英
美术编辑：付俊玲
摄影编辑：张勇
学术策划人：饶小军
专栏主持人：周燕珉 卫翠芷 楚先锋
　　　　　范肃宁 库恩 何建清
　　　　　贺承军 方晓风 周静敏
海外编辑：柳敏（美国）
　　　　　张亚津（德国）
　　　　　何崴（德国）
　　　　　孙菁芬（德国）
　　　　　叶晓健（日本）
理事单位：上海柏涛建筑设计咨询有限公司
建筑设计咨询：澳大利亚柏涛（墨尔本）建筑设计有限公司中国合作机构
理事成员：何永屹

中国建筑设计研究院

北京源树景观规划设计事务所
R-Land

理事成员：胡海波

澳大利亚道克设计咨询有限公司
DECO

主题报道
Theme Report

灾后重建
Post-Disaster Reconstruction

- 《住区》：关于地震，建筑大师如是说
- 邵　磊：救灾要急，重建要缓
  ——从汶川县城重建的争论谈起
- 张　一：灾后应急性修建的几种方式
- 唐　静　王　蔚：民众参与灾后重建的途径探讨
- 楚先锋　苏　加：何乐而不用干墙
  ——汶川震后看建筑隔墙的抗震问题
- 杨青娟：回归建筑教育的本源
  ——写在"5.12"汶川大地震之后
- 叶晓健：可以经受住地震考验的城市设计
  ——谈防灾建筑规划与设计
- 韩孟臻　官菁菁：日本城市规划与建筑设计领域的防震经验
- 叶晓健：日本超高层住宅设计手法
  ——环境空间和防灾抗震技术的结合
- 潘　鹏　叶列平　钱稼茹　赵作周：1995年日本阪神地震后的建筑结构抗震设计
- 坂　茂：可再生的住所
  ——纸管建筑
- BTA-博布罗/托马斯联合事务所：箭头区域地方医疗中心
  ——一幢可自给的医院大楼
- M.A.格雷西尼.略皮斯及J.E.马提内兹.德.安格鲁：格拉纳达大学的理工学院
  ——完美的对称
- JASMAX建筑师事务所：新西兰提帕帕·汤格里瓦国立博物馆
  ——文化交流的桥梁

关于地震，建筑大师如是说
As to earthquake, the master says…

《住区》整理 *Community Design*

编者按：无论从规模抑或覆盖范围，还是造成的人员伤亡与财产损失，地震已经被公认为最具破坏性的自然灾害。不可否认，在与其进行的长期而艰苦卓绝的斗争中，人类已经掌握并积累了相对丰富而实用的应对经验。然而有些不可思议的是，对比不着边际的浩瀚天空，我们反而对脚下俯首可见、屈膝可触的地下的秘密在某些方面所知更为有限。至少从目前看来，寄望于深入地球内部一探究竟并即时监控，从技术等各方面而言仍无法实现，这也是地震尚无法被精确预测的主要原因。而更显棘手的是，地震偏偏是我们生活的星球之上最活跃，也最普遍的自然现象之一，不安分的地块位移几乎随时在发生，蓄势爆发。既然无所规避，有的放矢的针对性预防便成为我们掌控命运的最佳方式。尤其是如何实现更具保障性的建筑与城市规划，在汶川地震的毁灭性袭击之后，已成为人们热议的话题中心。毕竟，一贯夯实稳重，甚或被喻为母亲而滋养一方的土地突然成为吞噬生命的噩梦源头，是人类从心理上无论如何都难以接受的现实。因此，我们遴选了几位世界上在抗震建筑领域颇有造诣的专家，通过其相关言论，了解他们眼中的地震与建筑、城市与规范，希望能够令读者拓宽眼界，在对该问题的思考中提供新的思路。

莱贝尤斯·伍兹（Lebbeus Woods）

- 地震是在地球坚硬的地壳中发生的自然构造的变化，本身并没有灾害性。地震之所以"臭名昭著"，是由于房屋在地震作用下倒塌，给人类生存带来了极大的威胁。这种破坏并非地震的"过错"，而是建筑物自身的问题，即使是在经常发生地震的地区，房屋也没有被设计成能够与周期性释放的强大地震相适应。

- 总之企业和政府都处在满足公众需求这一永恒的压力之下，这就意味着无论地球经历多大的变化，各处的公众都应得到同样的产品、相同的生活方式、同样的房屋。如果所有这些个人和社会机构要为地震造成的破坏负责，那么地震区的公众只能作彻底改变，别无选择。但是这样做的代价是极其昂贵的，所有涉及的利益集团都要为他们的名誉、知识和技术经验，以及所拥有的经济财富付出巨大代价。

- 建造抵抗能力更高的、新型有效的抗震建筑是出于人们对人与自然关系的一种古老信念。人与自然对立的观点源于世界上一些具有统治地位的宗教的创世传说。

- 笛卡儿的逻辑学和几何学，在问世300多年来，尽管社会在文化和技术上都发生了巨变，但其有效性却丝毫不减。然而，虽然笛卡儿的思想和方法在独立的科学上、以及由此产生的技术上是成功的，但是在宗教思想中，人类世界和神圣的自然王国仍然是对立关系。这种观点的缺陷在地震区表现得尤为突出：在这些地区，笛卡儿作为理性和稳定性标志的"坐标"观点被地震力的本质彻底推翻（毫不夸张）。人类从自然界中独立出来的文明的奠基石——一个显然推动了人类思想进程的幻想，被彻底击碎了。鉴于一些发达国家，如美国、日本，在有效抵抗地震方面遭到接二连三的失败，我们有必要对地震区建筑和城市设计的主导思想、技术与目标作一下反思。

- 本人在该方面（抗震建筑研究）的工作是零碎的、不完整的，仅仅完成了两项理论研究，其成果发表于1997年出版的《基本理论的反思》一书中。1995年建成的旧金山议会大厦，是在对伯克利工程图书馆研究后完成的，在此项目中建议将建筑所受的地震力概念延伸到个人生活和社会变化的动态学中。1999年的"地形地貌"课题，建议将建筑视为承受规律性振动的地面的一部分。两项课题期望通过对建筑物本身创造性的改变，使人们对人类和自然作出深刻的反思。

安藤忠雄（Tadao Ando）

- （地震后）城市重建的速度比我想像的快，至少从表面上看来，遭受毁灭性的地震袭击后痛苦的伤疤已经消失；同时我也深感这样恢复的速度实际上正在酝酿着更大更严重的问题。
- 在我看来，城市的重建不只是物质和功能恢复的问题，同时伴随的心理方面的恢复也是不容忽视的。因此，我向有关当局和个人建议，一些具有建筑价值的建筑结构原貌要作为新建筑的一部分保留下来，以保存原有城市的记忆。但是在这些受灾地区，社会要求优先考虑经济和发展速度，我的建议没有被采纳。因此，工业化住宅和预制办公楼充斥整个城市，最终，整个城市没有一处可以作为城市精神的闪光点存在……城市的功能或许得到了恢复，但是人们的精神家园不论多长时间都将无法复原。我感到奇怪，难道就不能创造一个既可以抚慰我们心灵的创伤，又可以随时间推移而不断发展的良好环境吗？
- 这就是为什么我要发起一场运动，借助植物和树木来恢复受灾城市的面貌的原因。这场运动的目标是在该地区种植大约25万棵树木。这些树木作为该地区人民的公有财产，在生长过程中，会得到每个人的保护和培育。我相信通过这种方式我们一定会重建家园，创造崭新而又充满活力的社区。
- 这样一些生命体会给我们的下一代带来无可替代的财富，留给他们有价值的风景。希望通过我们每个人的行动和努力，将该地区营造成一个既相互联系又可持续发展的地区。

哈维尔·皮奥斯（Javier Pioz）

- 最近的几次地震已经表明了为什么一些建筑会因完全破坏而倒塌，而另外一些建筑虽然可以保持其几何形状但却从其基础上倾倒或从原先的位置错动了好几码。对于前者，问题出在构造不妥，构件间连接不牢固，缺乏延性，从而发生脆断、劈裂和挠曲；而后者，结构刚度过大，厚实的建筑物在地面固接，使混凝土结构在地面断裂，导致建筑破坏。
- 我们在桌上竖向布置一些盛放纸张和文件、可以拉进拉出的塑料抽屉，即使我们用力推桌子，抽屉结构也会摇摆振动，发生轻微变形而最终又恢复其原有的稳定性，这就是柔性建筑的特点。
- 当地震发生在历史建筑和现代建筑紧靠在一起的地区时，我们通常会发现，尽管那些古老的结构具有明显的刚度，他们仍然能够保持不倒，而现代建筑则易于倒塌。虽然事实上，这些古老的建筑大多是由大石块砌成，刚度很大，但是这种结构本质上是高度弹性和抗震的。我们如何解释这种奇怪的矛盾现象呢？通常这些建筑中的大石块是用非常原始的灰泥砌筑在一起的，而这种灰泥天生是塑性的。作个比喻来说，就好像这些石头是放在塑料垫上一样。这种简单的体系使得地震产生的能量可以分布到建筑物的每一块石头上，通过块与块之间灰泥的微小变形来耗散地震能量。
- 抗震的问题不仅仅在于选择合适的材料，还要重视结构的连接。
- 我们需要一个附加的机制在地震能量作用于结构之前先消除掉一部分……从概念上可以概括为，要保证抗震建筑的稳定，需要使柔性结构体系和全弹性体系协同工作。
- 自然界在解决生物体的抵抗问题时，一个最有力的工具是力的微化分裂。当一个自然结构需要吸收大量的能量时，不是积聚大量的抵抗材料，相反，力是通过被划分到成千上万个相互联系着的抵抗纤维中而被耗散掉的。由纤维和空气形成的零乱结构，其抗力水平比那些由大量集中纤维形成的单一构件所具有的抗力水平要高10多倍。力量的微化分裂使类似树木那样大的结构、狮子牙齿或柑橘那样小的结构产生抵抗地震、风力或冲击力的防御机制。通过对力的微化分裂的研究，设计出囊状柔性、多向辐射漂浮式混凝土结构和多个分块塑性抗震等仿生大厦联合体系。

• 仿生学使用的是从生物学和工艺学中得出的科学研究方法——不是生物工艺学的最初概念（生物学与工艺学的相互关系），而是分析生物的工艺。由这些研究得到的成果对工程师和建筑师十分有用。自然界为人们提供了垂直空间仿生、不规则几何构造、混沌理论、起点能量、整体论和其他刚开始可以精确把握的理论。这些创造性理论都将改变未来世纪中人类的生活。

路易斯·略皮斯·加西亚(Luis Llopis Garcia)
曼努埃尔·希门尼斯(Manuel Jimenez)

• 由于我们目前的知识水平还不足以对这些物理现象作出任何程度的确切预测，因此政府的努力应集中在预防上，包括对地球物理学、地震工程学以及相关学科的研究与发展上进行投入，以及采取特殊的城市发展政策和制定建筑抗震规范。无论如何，这些办法和其他补充措施都是预防地震灾害政策的一部分。可接受的风险水平和为预期安全水准所提供的价格担保都必然规划在政策中。

• 在实际工程中，要阐明所采取措施的有效性以证明成本的合理性是不可能的。正是由于这种不确定性，使得先进技术的采用并不是用或不用的问题，而是哪一种更好的问题。这需要开发商和资深专家进行密切合作，相互理解，共同承担所有可能随之产生的责任。

• 这就需要我们从专业的角度去面对问题，谨慎使用规范许可的条款。虽然我们坚持专业化和加强密切合作的方向努力，但施工过程中对专业人员进行各方面的培训仍然非常重要。建筑法的通过将更明确这些问题，同时各方的责任也将规定的更加明确。总之，这些条款才是专家和公司对前述提及的危险性进行保险评估的依据。

• 任何一个建筑，无论是新建还是改造，都应当遵循以下七条基本原则：

(1) 质量与刚度对称原则。
(2) 比例协调原则。
(3) 减轻自重原则，使建筑物自重减轻，重心降低。
(4) 弹性原则，采用均质材料。
(5) 下部结构可靠性原则，采用密实且具有足够刚度的处理方法，并尽可能保证其延性。
(6) 封闭边界原则，用竖向和水平的框架和构件构成封闭的边界。
(7) 减小振动原则，采用一定的设计概念和措施使建筑物受到的振动影响最小。

以上原则是为了寻求最好的结构设计方法，并采用强制性或建议性的设计方法完成设计。

• 然而在某些情况下这样做，确实会影响成本。例如，若使用钢筋混凝土结构，钢筋就会使成本增加（钢筋使用量、锚固长度、支撑数量、搭接和焊接工艺的复杂性等均会增加），有时还必须使用独立梁或增加柱的尺寸。建筑构件的制作过程，尤其是砖、楼梯、面层和高级涂料、外部木器及安装，由于技术方面的原因也会引起成本的增加。

• 最后，强调岩土的重要性。在选定建设地点时，不能低估地震灾害与岩土间的关系。如滑坡、断层、地裂、液化及地形改变等。因此，进行区域规划和城市规划是绝对必要的，这与地震分区、生产活动以及特殊的危险性评定有关。某些情况下，将地形、岩土及地震等方面因素综合考虑，甚至可以判定某些土质类型不适宜发展城市。在这点上需要专家、地方和地区政府的共同参与解决。

• 另外，为优化建筑物的物理力学反应，在最终确定地基与结构相互作用的程度时，必须确定上层土壤的性质。这决定了岩土研究的重要性，如果要作出正确的计算假定，必须进行岩土研究。

• 在地震灾害发生前，利用先进技术作为预防措施，正是公用事业管理部门在建设过程中应该发挥其重要作用之处。

*资料提供：中国水利水电出版社，知识产权出版社《世界名建筑抗震方案设计》授权《住区》使用。

救灾要急，重建要缓
——从汶川县城重建的争论谈起
Swift rescue and cautious reconstruction:
Debates on the reconstruction of Wenchuan city

邵 磊 Shao Lei

[摘要]汶川地震至今已有两个多月的时间，争论的焦点也开始集中于重建问题之上。本文通过对近时各方言论的解读，着重分析了一个观点与五篇文章，讨论了媒体在灾后安置工作中的重要作用，并主张将"急"与"缓"协调统一，取得抗灾斗争的圆满胜利。

[关键词]汶川、震灾、重建、异地搬迁

Abstract: Two months have passed since the Wenchuan earthquake. Debates have been piling up around the issue of reconstruction. Based on the analysis on one prominent argument and related five articles, this paper discusses the important role played by media in post-disaster reconstruction, and suggests a combination of swift and cautious measures.

Keywords: Wenchuan, rescue, reconstruction, relocation

一、汶川重建的争论——媒体的解读

今天是2008年7月26日，"5.12"地震之后整整两个半月。

在网络上搜寻关于汶川县灾后重建的最新消息，与一个星期前相比，这几天的网络显得很平静。最近的报道是五天前两条关于汶川县城就地重建或者异地搬迁的短讯。第一条，新华网7月21日上午转登《新京报》采访，记者从汶川县委宣传部得到消息"汶川县城将就地重建，不再考虑整体搬迁的计划"[1]。就在这条新闻发布十个小时之后，新华网又发布了另一个消息，汶川县委书记王斌对新华社记者说，汶川县城是就地重建还是选址迁建目前还未确定，目前县城的重建规划仍处于包括地质和规划专家在内的专家综合评估阶段[2]。且不论这两条前后矛盾的短讯究竟是怎么回事，可以看出媒体关注的焦点始终是县城的"搬"或者"不搬"。用Google搜索一下，到今天为止，"汶川，异地重建"的检索结果已经达到了2,220,000条。

汶川县城迁建的问题成为媒体与社会关注的焦点，始于6月18日《京华时报》，至7月5日晚，中央电视台新闻频道"新闻调查"凭借其巨大的影响力，以"汶川：重建的选择"为题将汶川县城迁建的不同意见进一步公开化，演化成一场社会舆论的论战。其实，在6月中旬，针对即将到来的雨季和可能发生的大规模次生地质灾害，汶川、理县、茂县组织的万人紧急避险转移已经得到媒体的充分关注[3]，央视、人民网、新华网、新浪网等各大媒体、网站都对紧急避险的整个过程进行了报道。在这个背景下，《京华时报》6月18日A03版以"汶川县城考虑异地重建，专家认定其已不具备适宜人居的环境"的醒目标题，引用

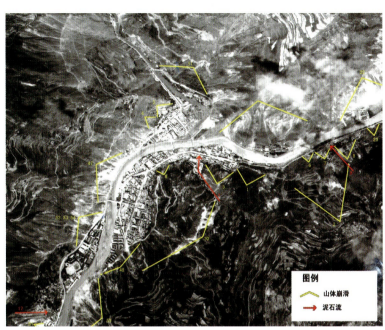

1. 四川省汶川县城震后地质灾害分布图

了尹稚6月10日代表建设部抗震救灾规划驻阿坝州专家组给四川省委、省政府、省抗震救灾指挥部的一份报告的内容，报道了阿坝州已向四川省递交报告，考虑将县城整体搬迁的信息[4]。这份报告即《建设部专家组强烈请求紧急疏散汶川县城及周边山区乡镇受灾群众异地转移安置的建议报告》，报告的主旨实际上是从"挽救受灾群众的性命"的基本目标出发，针对次生地质灾害给安置造成的巨大威胁，建议火速形成汶川县受灾群众疏散转移的紧急预案并尽快行动，其中提到了"建议结合受灾群众临时安置地点选择，一并考虑新县城选址问题"[5]。披露这份报告时，《京华时报》的标题和报道则特别强调了"考虑异地重建"。这个敏感的话题经过各大媒体纷纷转载，公众关注的热点均聚焦到汶川县城的异地重建问题上来。

异地选址之所以敏感，一方面因为涉及到经济、政治、文化多种复杂因素，诸如地方行政区划的调整、紫坪铺水库建设中的遗留问题、羌族文化传统的保护等，另一方面在灾后恶劣的居住环境中，汶川当地的群众要求异地搬迁的呼声特别强烈，固然这是县里用简单问卷调查的结果[6]，也不能完全排除灾后心理恐慌因素的影响[7]，但90%以上赞同搬迁的强大民意的最终影响力究竟如何，无疑使得异地选择的问题倍加敏感。于是在诸多媒体和网络报道渲染汶川异地重建的一片呼声之中，汶川县的重建似乎就成了县城的异地重建。

对异地重建提出慎重建议的也有。7月2日《科学时报》刊登了叶耀先的文章"异地重建要十分谨慎"[8]，7月3日住房与城乡建设部副部长仇保兴在接受《中国新闻周刊》记者采访时提出"异地重建需三思而后行"[9]，不过这些都是针对异地重建的决策与可能出现的问题提出的建议。真正针对汶川县城的次生地质灾害威胁和万人避险转移等具体问题提出不同意见的，是成都山地灾害与环境研究所的张信宝研究员。张信宝在给尹稚的一封信中，提出"除时代广场一带的新城区外，汶川县城的大部分城区是安全的。当然，南沟泥石流和一些不稳定边坡要加强监测和进行治理"，"我认为个别受滑坡、泥石流、山洪等灾害威胁严重的村寨紧急转移是应该的，但大规模的紧急转移是没有必要的，要认真对待可能产生的后续问题"[10]。

正是利用了张信宝的不同意见，中央电视台把把汶川县城异地重建的争论推向了高潮。7月5日晚，中央电视台新闻频道"新闻调查"栏目播出了由柴静主持的"汶川：重建的选择"专题报道。报道以汶川县城是原址重建还是需要外迁为辩论主题，把尹稚的角色设定为主"迁"派，张信宝的角色设定为主"留"派，通过新闻报道的处理手法，把学术观点的冲突、学术道德的讨论、地方利益格局的矛盾以及汶川县城当地绝大多数百姓在次生地质灾害面前渴望搬迁的心态，推到了全国观众眼前[11]。第二天网络上就出现了对这场争论的剧烈反应，汶川县城当地甚至出现了群众聚集事件，要求张信宝为自己的言论公开道歉。作为对风起云涌的社会舆论的含蓄回应，7月8日，在国务院新闻办公室就汶川地震灾害和抗震救灾情况举行的第三十次发布会上，住房和城乡建设部城乡规划司司长唐凯公开表示，"到现在为止还没有确定要把汶川县城全部搬迁"[12]。后来，《新京报》、《京华时报》、《中国青年报》等媒体以"'迁'还是'留'，汶川难解命题"、"以科学和民意化解汶川重建争论"、"汶川县城重建之争"、"汶川重建：学术道德不能凌驾学术讨论"[13]等报道进一步扩大了这场争论的内容和影响，媒体和网络上的很多言论已经远远超出了技术本身的范畴。这场有着巨大社会影响的论战在网络上持续了将近半个月，如今才有了渐渐冷却的趋势。

毕竟，汶川县在这场争论中已经等待了两个多月，而现实是：

都汶生命线仍未打通，成都到汶川县城仍需绕道数百公里，草坡乡、银杏乡仍是孤岛；

居民的烧柴做饭遇到困难，有人开始从河里打捞漂流下来的木头；

灾区的环境承载力评价报告一直没有公开发布，汶川县城的迁建问题依然是个悬念。

于是，才有了文章开头提到的两条互相矛盾的新闻。县委书记王斌还提到"县城是否迁建，只是个别城镇的基础设施建设和城镇的规划问题。但是我们下辖13个乡镇的老百姓目前和未来生活问题才是关键"。"等县城重建规划正式确定后，我们要加大城乡统筹的建设力度，带动城乡百姓在重建中都过上好日子。"

二、一个观点和五篇文章——我对汶川县重建工作的解读

昨天，也就是7月25日星期五，北京清华城市规划设计研究院在灾区工作的最后一批人员从成都自驾车回到北京，一行5人，其中包括尹稚。这最后一批人，也是在灾区呆得最久的一批人，从5月18日抵达成都算起，合计69天。

在汶川重建问题上，媒体引发的争论无疑是有益的，后文会进一步讨论。但从专业角度来说，媒体又会出现"误读"的，有的讨论了县城搬迁，忽视了县域乃至州域的统筹；有的强调了简单多数的民意，回避了复杂多样的困难；有的突出了观点对立，回避了学科交叉；有的言论十分片面，但反响强烈，有的固然言之有理，但悄无声息。当然不能要求所有的媒体和网络言论都经得起专业的推敲，恰恰是多元的观点才能形成真实的架构。

2. 汶川：崩塌的山体、推土机与牧羊人
3. 汶川：萝卜寨、帐篷与羌族老人
4. 汶川：萝卜寨内坍塌情况

从专业角度来解读此次汶川县重建工作，到目前的工作进度为止，我梳理为"一个观点和五篇文章"。理解了它们，也就理解了前一段工作的大概，这是媒体对汶川重建的解读所涵盖不了的。

一个观点即"救灾要急，重建要缓"。"急"是为了挽救群众生命，"缓"是为了尊重科学规律。进一步讨论这个观点的内涵，可以从五篇文章说起。

1. 田野调查、生命第一与统筹兼顾（6月4日）

进入汶川县城之后，在灾后安置规划和重建规划的准备工作中，反思是从图纸开始的。6月4日，尹稚在工作帐篷里完成了进入灾区开展调研一个多星期以来的第一篇书面文章——"临时安置和灾后重建必须注重田野调查，遵循科学规律"。

文章从早期地质灾害遥感与判读图纸中的误读、误判、漏判等问题出发，反思了灾后安置与规划工作的基本态度和方法，指出高科技手段也有缺陷，是一把"双刃剑"，尤其是对于复杂多变的震后次生地质灾害而言，深入现场、脚踏实地的"田野调查"是弥补高科技缺陷、掌握一手准确信息的关键，没有实地调查就没有发言权，"办公室地质师"或者"办公室规划师"的决策可能会产生误导，甚至危及生命。这个工作态度和观点，在后来媒体和社会的讨论中被广泛地引用。

文章第二个重要的观点是提出生命第一的原则，实事求是地对待安置和重建的时间表与建设规模。汶川是一个现实孤岛、交通不便、安置与重建土地匮乏、次生地质灾害频发，人难胜天，因此只能顺天应人，避让为先。"靠山要戴安全帽，临水要备救生衣，出门逛街要戴口罩"，这种景象如果变成生活常态将会何等恐怖。正是基于这个出发点，尹稚提出汶川现在的旧址正常建设密度下宜建用地可容纳3000～5000人已属乐观，高密度建设也难以达到10000人的水平，重回4～5万人的强度则彻底背离了以人为本的基本原则。

文章的第三个重要观点是从系统的观点来看待灾后重建问题，"临时安置和灾后重建都有系统统筹的问题，不能偏重一方，不顾其余。尤其是灾后重建应及早建立系统统筹观念，不能条条块块各管一块，这样难免顾此失彼，甚至自相矛盾，难收实效"。

这篇文章实际上已经奠定了后续工作的态度和方法，"急"和"缓"的内涵已经提出："急"的是确立挽救生命第一的原则，一切工作以挽救生命为先，"缓"是必须统筹考虑重建问题，尊重科学规律，否则就达不到预期目标。

2. "急"于疏散和转移（6月10日）

从6月中旬开始，汶川、理县和茂县的雨水逐渐多起来。而此时汶川的灾民县城及周边乡镇的灾民安置遇到了极大的困难。根据当时统计，"震后截止到6月2日的统计已发现新增地质灾害点3590处，其中79处新增点已对县城形成压迫和包围之势，并随余震和降雨而日渐恶化，严重威胁到县城已建成区80%以上的面积和全部的对外生命线的安全。仅县城所在威绵片区滞留在非安全区内，直接受到威胁的群众至6月2日为23847人（其中塌方威胁14023人，泥石流威胁9824人），6月4日已增至24989人（无处可去的群众还在向威胁区涌入）。"在汶川工作，我们经常说的一句话就是"赌什么不能赌命"。在未知的可能爆发的巨大次生地质灾害面前，在没有任何完整准确的地质灾害和风险评估结论的状况下，惟一的选择就是通过疏散和转移保护群众的生命安全。因此，才有了6月10日尹稚负责起草的《建设部专家组强烈请求紧急疏散汶川县城及周边山区乡镇受灾群众异地转移安置的建议报告》[14]，才有了在汶川与都江堰接壤平原地带选址，解决汶川县大量无法就地安置的受灾群众的临时安置问题的建议。前文已经提到过，其中"建议结合受灾群众临时安置地点选择，一并考虑新县城选址问题"，被媒体强调为"汶川县城考虑异地重建"。

3. "缓"在实事求是（6月24日）

6月24日，尹稚完成了《关于汶川地震灾后重建规划面对的几个急迫问题的建议》[15]，面对几个急迫问题，提出的观点却是"缓"。

第一"缓"，灾损评估和灾区划定应科学、准确，分

5. 汶川：三官庙村_居民准备自建房
6. 汶川：通往萝卜寨路上巨石
7. 汶川县城：户外厨房，灾后生活

区定政策、定重点、定时限。自上而下一刀切的时间表、一刀切的标准，只能造成巨额浪费。因此，必须实事求是地细分受灾地区，实事求是区分确定规划编制内容和重建时间表。"应将不存在或较少存在中长期成灾隐患和成灾威胁的地区核定出来，加速废墟清理工作，尽快恢复重建，大大压缩临时过渡期和过渡期中的投入，把资源重点用于重建。而将存在严重中长期隐患和威胁的地区列入特别程序，保证甚至延长过渡期，以便有更多时间做出深入可靠的评估和在更复杂的背景下研究重建方案"。

第二"缓"，避免决策失误造成巨额浪费。在这里"救灾快、重建缓"的主张被正式提出，为了寻找坚实的决策依据，特别是可以支撑落地建设的依据尚需更多时间；震灾的阴影还没有过去，灾损情况需要一个艰苦的核实过程，地灾的判断更需要较长时间，工程治理远水不解近渴，脆弱难堪一击。因此"缓"是确保重建达到有效目的和有效目标的关键。

第三"缓"，灾后重建不是简单克隆到灾前的水平，发展道路需要一个重新探讨的过程。汶川县城（威州镇）始建才35年，解放前无工业，城区面积仅2hm²，初始的自然禀赋可建设用地最多也不过百十公顷，随后在不断的挖山、占河、填谷中发展至今天的240hm²，其中大量建设用地已侵入地质灾害的威胁区内。如按惯性思维发展下去，势必导致人与自然关系的进一步恶化，且速度将成倍于以往（以往年固定资产投资能力约15个亿左右，援建的

力度是每年不少于30个亿），其后果是灾难性的。因此，"缓"是改正过去过度开发的错误，探讨与建设汶川县城的未来可持续发展模式的必然要求。

4.从发展的观点看"急"与"缓"的统一（6月30日）

汶川的重建绝不仅仅是县城的重建，也不仅仅是县域的发展。作为阿坝州的经济发动机，汶川占有了1/3的GDP份额。汶川的重建必然是整个阿坝州城镇体系建设和发展的结果。伴随着阿坝州城镇体系规划的工作，6月30日，尹稚完成了《对阿坝州灾区重建规划的思考》一文[16]，在这篇文章中，汶川县被纳入了阿坝州今后经济发展、产业转型、人口迁移的整体框架中考虑。

阿坝州的极重和重灾区涉及七县（汶川、茂县、理县、黑水、松潘、小金、九寨），受灾人口55.37万人，其中死亡18718人，失踪10908人；倒塌住房40546户，计396059间，总的财产损失达348.44亿元。这其中78个极重灾乡镇的整体人居环境遭受了毁灭性的破坏。这种人工建设环境和自然环境的双重受灾给阿坝州未来的发展带来深远影响。

要开拓阿坝州重灾区可持续发展的道路，首先在于认识到原有发展规模已超出了资源环境的合理承载范围。救灾的"急"在于以安全第一，生命价值优先的原则最为急迫。在这个原则下，应当慎重选择各级人居地点，可让可不让的地方应以避让为先，风险评估有阈值的应按最大风险值考虑，可治理的、可避让的应以避让优先。背离了这个最重要的原则也就意味着更多生命和鲜血的付出，以人为本也就成为一种空洞的政治幻想。

而发展的"缓"在于必须完成阿坝州产业的转型和生态的恢复，这都不是一蹴而就的事。如大力发展旅游产业，以旅游业为核心打造阿坝州小而精、小而特、小而优的新型城镇化体系，立足生态农业、生态修复产业和民族文化传承，打造阿坝州灾区的新农村建设之路，通过多渠道多方式提升阿坝州国民教育水平和生产技能培训促进人口迁移，减轻环境承载负担等措施，都必须纳入到一个长期的灾后重建过程中逐步实现。

5.价值在"急"与"缓"的过程中凸显（7月22日）

几天前，7月22日，尹稚完成了最新的一篇文章《现代科学探索中凸显的不确定性究竟考验了什么——参与汶川地震救灾行动60余天后的思考》[17]。

这里不得不又回到媒体的争论，既然争论没有结论，一切又都在名义上推给了专家、领导。尹稚也认识到争论之后，"汶川县数万民众滞留于帐篷营地，身处危境的问题看来仍在短期内解决无望，四川省领导的声音全无，州领导提出'一切听专家的'，专家们意见混杂，迟迟对一系列焦点问题无法下结论——难道事关数万群众的安危问题一定要靠精准的科学才能给出答案吗？"

如果没有精准的科学答案呢？汶川迁还是不迁，这是

个问题。究竟怎样看？

回顾城市规划理论的发展，1990年代后规划师开始认识到由于自然科学、社会科学、决策理论中不确定性的存在，要使规划取得实效，最根本的不在于改进城市规划构建未来的技术方法，而在于要协调不同价值观的各方利益或采用渐进式的决策方法对城市建设的实施过程加以控制和引导。

控制和引导的过程，就是价值观的体现。

在这篇文章中，尹稚从理论高度概括了不确定性决策内涵：

（1）重新认识价值观的作用。许多看似因为规划环境不确定性造成的问题，实质上很可能是因为决策领域的不确定和价值观的不确定造成的，并且认为价值观的不确定是决策不确定的最重要因素。

（2）积极改进公众参与。城市规划决策需要在规划师与社区领导、商界、政府官员和公众的密切合作中完成。在汶川问题上，我们还在用最传统的政治手段处理最为复杂的问题。

（3）应改进决策领域的认定，对一个共同的决策领域的确定达成共识，包括信息的公开、价值观的认可、不同决策者的协调，都是针对决策不确定性的有效手段。

（4）改进科学认识，更应倡导科学家应有人文精神。而这个人文精神，就是重回人文主义的本质，关爱生命，关爱自然，关注弱势群体。

至此，对汶川重建工作的解读，"救灾要急，重建要缓"似乎可以转化为另一句话"'急'或是'缓'，过程凸显价值"。

三、再议争论——媒体的角色

作为这场媒体推波助澜的争论中的主角，尹稚感叹道："媒体非常不专业的报道则使原本不清的水更浑。"[18]

作为一个旁观者，我却感叹道："这么不专业的报道，竟然能让决策拖了两个多月都迟迟不肯出台"。

这难道不也是"重建要缓"么？在公众的舆论中，不那么匆匆忙忙地决策，也许不意味着最后一定是一个好决策，但总比专横武断的一锤定音要前进了一步吧。

我想起了另一个媒体参与的事件。

2001～2002年，北京市开始了在历史文化保护区内进行更新改造的试点。第一个试点就是南池子历史文化保护区。南池子试点项目拆迁开始后，出乎预料受到空前的强烈反对。按以往情况，北京旧城改造中居民的对抗在任何拆迁项目中都存在，但是这一次由于媒体和一些社会组织的介入，把南池子拆迁的问题与矛盾推举到了相当的高度。

2002年7月4日，《南方周末》以"南池子之劫"、"站在胡同推土机前的平民"、"北京，走调的危房改造"等文章详细报道了南池子拆迁状况以及对北京危旧房

改造的反思。《南方周末》的报道引起了政府、居民和社会的巨大振动，由于其影响，很多相关的报道出现在网络上并大量扩散。据传联合国教科文组织曾因此建议把故宫列至"濒危世界文化遗产"名录。南池子拆迁停滞下来将近一年，调整方案，增加院落的保留数目，处理好反对拆迁的居民之后，才得以最终实施。尽管参与或者反对项目的主体形形色色，意图也各种各样，但毫无疑问，将"历史保护"作为一种话语权，经过了媒体的转化，成为政府、居民、媒体和社会精英在公众层面对话的公共文本，也成为弱势群体维护自己利益的一种有效方式。

我把媒体参与南池子更新改造的故事定义为一个里程碑式的事件。因为自从南池子事件之后，北京的历史文化保护状况的确有了改观，至少大家不愿意再去惹那些麻烦。

汶川重建，要比南池子的历史文化保护复杂、艰难得多。弱势群体的关怀、全体灾民生活的共同提高、财产产权与其他权益的充分保障等问题的解决，以及上面提到的统筹规划、公众参与、以人为本原则的贯彻落实，都将面临一个长期又复杂的过程。

说到"救灾要急、重建要缓"既是一种工作方法与态度，亦融汇了一种价值观点，那么对媒体而言，在专业问题上不专业似乎不算什么，明确了立场，坚持了正确的价值取向，把汶川重建过程的争论追踪报道下去，让社会大众来争论、评判、监督，应该能够又树立一座里程碑。

注释

1. 汶川县委宣传部长：县城就地重建，不考虑整体搬迁. 新华网. http://news.xinhuanet.com/politics/2008-07/21/content_8706834.htm

2. 汶川县城是否迁建还未确定，现阶段关键是恢复民生. 新华网. http://news.xinhuanet.com/newscenter/2008-07/21/content_8741103.htm

3. 昨日，汶川理县茂县……紧急避险万人大转移. 四川在线. http://www.scol.com.cn/NSICHUAN/dwzw/20080616/200861672734.htm

4. 汶川县城考虑异地重建. 京华时报. http://epaper.jinghua.cn/html/2008-06/16/content_291919.htm

5. 建设部专家组强烈请求紧急疏散汶川县城及周边山区乡镇受灾群众异地转移安置的建议报告. 清华规划院网站. http://mail.thupdi.com/www/newsinfo.asp?subid=8&id=483

6. "迁"还是"留"，汶川难解命题. 新京报. http://www.thebeijingnews.com/news/deep/2008-07-14/021@070513.htm

7. 以科学和民意化解汶川重建争论. 新京报. http://www.thebeijingnews.com/comment/guanchajia/2008-07-15/021@073814.htm

8. 叶耀先：异地重建要十分谨慎. 科学时报. http://www.sciencenet.cn/htmlnews/2008/7/2008728163199520 8613.html

9. 建设部副部长仇保兴：灾区异地重建需三思而后行. 中国新闻周刊. http://www.chinanews.com.cn/gn/news/2008/07-16/1314059.shtml

10. 某专家的质疑与尹稚的复函. 清华规划院网站. http://mail.thupdi.com/www/newsinfo.asp?subid=3&id=505

11. 新闻调查：汶川，重建的选择. 中央电视台网站. http://news.cctv.com/china/20080705/102556.shtml

12. 住房城乡建设部城乡规划司司长唐凯在国务院新闻办新闻发布会上答记者问. http://www.cin.gov.cn/hybd/08hy/xwfbh080708/ldjh/200807/t20080711_175261.htm

13. "迁"还是"留"，汶川难解命题. 新京报. http://www.thebeijingnews.com/news/deep/2008-07-14/021@070513.htm

以科学和民意化解汶川重建争论. 新京报. http://www.thebeijingnews.com/comment/guanchajia/2008-07-15/021@073814.htm

汶川县城重建之争. 京华时报. http://epaper.jinghua.cn/html/2008-07-12/content_305364.htm

学术道德不能凌驾学术讨论. 中国青年报. http://www.cyol.net/zqb/content/2008-07-17/content_2268166.htm

14. 建设部专家组强烈请求紧急疏散汶川县城及周边山区乡镇受灾群众异地转移安置的建议报告. 清华规划院网站. http://mail.thupdi.com/www/newsinfo.asp?subid=8&id=483

15. 关于汶川地震灾后重建规划面对的几个急迫问题的建议. 清华规划院网站. http://mail.thupdi.com/www/newsinfo.asp?subid=8&id=498

16. 对阿坝州灾区重建规划的思考. 清华规划院网站. http://mail.thupdi.com/www/newsinfo.asp?subid=8&id=509

17. 现代科学探索中凸显的不确定性究竟考验了什么——参与汶川地震救灾行动60余天后的思考. 清华规划院网站. http://mail.thupdi.com/www/newsinfo.asp?subid=8&id=513

18. 现代科学探索中凸显的不确定性究竟考验了什么——参与汶川地震救灾行动60余天后的思考. 清华规划院网站. http://mail.thupdi.com/www/newsinfo.asp?subid=8&id=513

作者单位：清华大学建筑学院

灾后应急性修建的几种方式
Lash-up construction methods in post-disaster situation

张 一 Zhang Yi

[摘要] 本文根据灾后居住需求和恢复重建的现状，提出应急性修建应满足的基本条件；在解读活动板房、纸管房、集装箱房、粪尿分集厕所等几种应急性修建方式特点的基础上，提出根据实际情况而采用适当的修建方式。

[关键词] 应急性、活动板房、纸管房、集装箱房、粪尿分集厕所

Abstract: According to the post-disaster housing needs, this paper puts forward basic requirements to be met by the lash-up reconstruction. Based on analyses of the features of several lash-up solutions, the author suggests appropriate utilizations according to the specific conditions.

Keywords: lash-up, mobile panel house, paper-pipe house, container house, urine directing toilet

一、背景

汶川里氏8.0级地震波及范围广，受灾城市众多，灾区群众失去了遮风避雨的房屋，居住安置问题急需解决。灾后第一时间里，搭建帐篷成为灾民临时居住的选择，但在家园重建工作完成之前，尚有较长的过渡期。

结合1976年唐山地震的经验教训，中国城市规划学会城市安全防灾学术委员会委员、河北地震工程研究中心主任苏幼坡表示，灾后恢复重建是一个浩大的工程，灾区群众临时安置过渡估计最少需要三年的时间，甚至更久。在避难帐篷无法满足较长时间的居住需求、永久性住房还未建成的这段时期内，应急性房屋将担任灾民临时住所的职能。

二、应急性修建的要求

数量庞大、时间紧迫是灾后应急性房屋修建所面临的主要困难。住房和城乡建设部部长姜伟新在国务院新闻办介绍，地震仅四川省倒塌和损坏的房屋就有400多万间。另据四川抗震前线指挥部的信息，地震后需要移民的达400万人。国务院决定由二十个省市三个半月内在灾区援建100万套应急性住房。

从宏观上看，应急性修建是过渡，永久性重建是目的。顾名思义，应急性是对现行急切需求的快速回应。然而，快速且大量的修建是否会给将来的永久性重建工作带来后期的问题，需要谨慎地思考与探讨。

在二者间寻求合理的平衡点，既做到"好、快、省"，又兼顾可持续性，灾后应急性修建方式应满足以下要求：

1. 工期短，修建简易。

若修建过程对专业技术要求不太高、不依赖于大型机械和工地湿作业，可在政府统筹修建的同时，拥有较强的民众参与性。

2. 材料来源广泛，可批量生产。

广泛的材料来源和批量生产的可能性为短期内完成大量性修建提供有力的支持。

3. 房屋能满足正常保温、隔热、防潮的需求。

虽作为应急性住房，但仍需确保基本的舒适度，且在过渡期内不应出现影响正常使用的质量问题。

 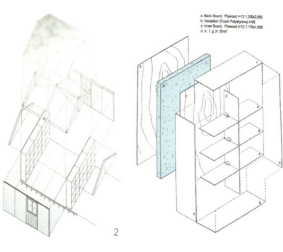

1. 修建板房的混凝土地面
资料来源：林珂提供
2. 纸管房结构示意图
资料来源：坂茂建筑事务所
3. 山墙面橱柜做法示意图
资料来源：坂茂建筑事务所

4. 房屋造价低，材料可循环利用为宜。

低造价对于安置工作的成本控制意义重大，材料的循环利用在一定程度上可以回收部分成本。

5. 房屋拆除后对所在环境破坏小。

在过渡期结束后，修建用地需恢复原本的使用功能或进行永久性重建，应急性修建方式应尽可能减小对原有环境的破坏。

三、应急性修建的几种方式

应急性修建需要分秒必争，但应避免为追求修建速度和数量而用单一的方式应对不同的实际问题。考虑解决问题的不同方式，了解各方式的特点，有助于对现实情况做出正确的判断。现结合上文五点要求，对现行的几种灾后应急性修建方式各自的特点进行解读。

1. 活动板房

现行推广的活动板房有彩钢夹芯板轻体装配房和轻钢龙骨无机类板材装配房两种形式，造价为450元人民币/m²左右。因修建速度快、价格便宜等优点，在国内已广泛应用于城市中施工工地的临时性房屋，建造技术相对成熟。汶川地震后，活动板房作为政府安置推行的应急性住房修建方式在灾民安置中起着重要作用。

工业化生产使得活动板房在灾后短时间内拥有充足的材料供应，为数量庞大的应急性修建提供保证。江苏省吴江市在接到26万m²建筑面积活动板房救灾生产任务后，日产量由原来的6万m²提高到了12万m²，折合建筑面积3.63万m²。

活动板房墙体自身为合成材料，有良好的保温隔热性能。构件采用螺栓连接，可方便快捷地进行组装和拆卸。活动板房修建的标准化和模数化，给内部空间的布置和外部空间的组合带来多种可能性。除住房外，也可用于过渡性的学校、医院等公共设施建设。

大量人工协同流水线作业，配合成熟的机械化施工技术，活动板房的建造速度极快。汶川震后安置工作中，建工集团历时12天，已在都江堰的胥家镇桂花村、幸福镇的永寿村、龙池镇山区和蒲阳铁桥等6个地块建起超过2000套过渡安置房。

受限于修建方式，板房对地面的平整度和强度要求较高。在四川灾区，较为平整的非城市用地基本上以农田为主。以现行的修建方式，需在田地上现浇一层混凝土，作为板房搭建的基础和房间的地面，同时隔离了土地的潮气（图1）。然而，过渡期以后需要恢复农田的生产，必须将混凝土层全部拆除，资源浪费较为严重，且再次耗费大量人力和运输成本。

作为国内现行最成熟的应急性房屋修建方式，活动板房适用于大面积集中快速安置，能在较短时间内提供大量较为舒适的住房。但是，在材料的可持续性和环境的保护方面还需作出更为长远的考虑。

2. 纸管房

在国内建筑界，纸管作为建筑材料尚较为陌生，但是纸管房作为一种灾后应急性修建方式，在1994年非洲卢安达难民安置、1994年土耳其大地震、1995年日本阪神大地震、2001年印度大地震等灾后安置工作中发挥了积极的社会作用。

汶川地震后，西南交通大学建筑学院学生与4名日本庆应大学学生一起进行了纸管房现场搭建工作，其结构如图示（图2）。

这种纸管房的搭建相对简单，材料采用纸管、木板、可降解泡沫板、压型镀锌薄钢板等常见建材。作为房子的主体支撑和基台均是用木板和纸管卡接而成，不需要工地湿作业，需要使用的建筑工具就是简单的锯子、尺子、螺钉等。除去购买、搬运材料的时间，8名学生搭建这所房子仅耗时3天。

房屋基础采用覆膜防潮铺装，架起200mm高木架龙骨，有效隔离潮气。除此之外也可使用其他处理方式达到防潮效果，如铺设钢架、填装沙袋的废旧啤酒箱等。维护结构为木板和泡沫的复合墙体，两片木板中间夹一层90mm厚可降解泡沫板，保温隔热性能良好。在山墙内墙面以木板拼搭成格子，既作为承重结构又成为橱柜，供生活所用（图3）。木板本身是可燃材料，通过刷防火漆延长其阻燃时间并达到建筑规范要求(图4)。

此次搭纸管房的造价为400元人民币/m²左右，在完成应急性居住的使命后，纸管可回收循环利用，易于拆卸、运输和储藏，废弃后可打成纸浆再利用。房屋的修建对地面基本没有破坏，大大减少安置结束时对环境和用地功能的恢复工作。该房子使用寿命为三年，日本建筑师坂茂在印度地震灾区做的纸管房甚至被未完成永久性安置的灾民用了十年。

由于现行国内生产的纸管在性能上还不能完全满足建造的要求，此次搭建用的纸管均由日本提供，所以纸管房在现今国内推广上存在一定问题。但是它就地取材、易于加工、搭建简易、成本低的优点，使其具有较强的灾后重建民众参与性，国内纸管生产技术改良后，亦能得到广泛的应用。

3. 集装箱房

集装箱作为现今普遍使用的工业化运输容器，其功能定义向住房转化的可能性，在世界各地已有较多的探索。荷兰港口城市阿姆斯特丹面对学生住房短缺的问题，采用集装箱改装后作为学生宿舍(图5)；罗马尼亚东北部的皮亚特拉－尼亚姆茨市政府把40个废弃的集装箱改装成为住房，以解决该市住房紧张的问题；香港城市中也经常采用集装箱作为临时工人住房和街头的商铺等小型功能性用房。

作为现成坚固的建筑材料，集装箱在灾后应急性修建中，具有以下特点：

(1) 反应迅速。集装箱在港口高度集中存放，灾后第一时间能够紧急调度，水陆运输均可，还可兼作运送救灾物资的工具。

(2) 易于搭建。基于原本功能需求，集装箱便于现有起重设备进行搬运和吊装，无需重新开发施工技术，也大大节省了建造人工。箱体尺寸标准统一，外形规整，可重叠放置，也给房屋组合方式提供了多种可能性。

(3) 使用寿命长。一般情况下，集装箱的使用寿命达15年，可在安置结束后运回码头继续使用，不造成资源浪费。

(4) 造价便宜。单价为500元人民币/m²左右，若考虑可回收继续使用，则主体结构成本基本上为零。

集装箱本身不是居住场所，虽能为灾后提供临时遮风避雨的空间，但在居住舒适度上不能很好地满足要求。主要缺点体现在：

(1) 进深过长，采光较差。

(2) 金属维护结构的保温隔热性较差。

根据上述的缺点，集装箱作为应急性房屋时可进行适当的改造，以满足居住舒适度的需求。现行集装箱的生产都依照国际统一标准，长度有两种规格，分别为12.2m和6.1m，宽度都为2.438m，高2.5m。作为应急性房屋，开间和层高都能满足生活的基本要求。由于过大的进深带来采光上的问题，所以住房采用较短的集装箱为宜。为了过渡居住结束后能较好地回收利用，在改造箱体时应尽可能地把破坏降低，避免在长向上开设门窗。

国内某建筑师对集装箱作为灾后应急性房屋提出了改造方案(图6)。以6.1m长的集装箱作为居住单元，箱体两端开门，正中间加轻质隔断，分为两个房间，满足不同功能使用，同时减小房间进深。针对保温隔热问题，在箱体顶部加盖一层遮阳系统，可选用石棉瓦、帐篷布等以钢架支撑，以求在顶部形成空气间层，加强房屋隔热性能(图7)。

虽然集装箱房作为灾后应急性修建方式在国内尚未推广，但其施

4. 搭建过程图(资料来源：舒婷提供)
4a. 地面防潮铺装
4b. 墙体搭建
4c. 屋架搭建
4d. 涂刷防火漆

5. 荷兰阿姆斯特丹集装箱宿舍(资料来源：新华网)
6. 集装箱改造示意图(资料来源：新浪网徐浪博客)
7. 集装箱隔热示意图(资料来源：新浪网徐浪博客)
8. 粪尿分集厕所原理示意图(资料来源：谢英俊乡村建筑工作室)

9. 棚花村粪尿分集厕所修建现场
9a. 角钢龙骨搭建（资料来源：谢英俊乡村建筑工作室网站资料）
9b. 竹编模板墙（资料来源：新浪网史建博客资料）
9c. 南向粪坑（资料来源：新浪网史建博客资料）
9d. 活动门板（资料来源：新浪网史建博客资料）

工便捷、运输方便、造价低以及可回收利用等优势相当突显。当然，还有很多问题有待解决，在总结各地的建造经验基础上，相信亦能在今后的灾后安置工作中发挥重要的作用。

4. 粪尿分集厕所

在灾后应急性房屋满足居住需求的同时，各生活配套设施都应同时考虑，包括厕所、食堂、浴室、医务室等。基于人的生理需求，厕所的设置首当其冲。由于灾后水资源相对珍贵，应急性厕所多为旱厕。大灾过后防大疫，厕所的卫生条件对于灾区的疫情防御工作来说极为重要。厕所的粪尿分集概念在当今已不陌生，其目的是从厕所的构造方式上根本性地改善厕所的卫生条件，同时有益于生态环境，其原理如图（图8）。因此在没有现成排污系统的安置区修建粪尿分集厕所，既解决了人的生理需求，又在最大程度上做到了卫生、生态。

已在内地完成多处粪尿分集厕所建造的台湾建筑师谢英俊在汶川地震后，结合当地条件，为绵竹市棚花村修建了第一个粪尿分集生态厕所，可供几百人使用（图9）。

结合当地的建造技术和气候条件，厕所主体结构骨架为角钢条，维护结构、门扇和顶棚均采用当地的竹编模板，由本地的施工队完成修建。屋顶与墙体脱开，向北倾斜，一举解决厕所的采光通风和屋面排水问题。厕所从构造上把粪尿分开收集。粪从南面入坑，便于阳光加热晒粪；尿液在北侧阴面通过管道汇集集中储存，可以减少发散，也便于农民取用。粪坑安装PVC管通风抽气，减少厕所异味。灾区水资源宝贵，粪尿分集厕所不用水冲，节水是一大特点，同时减少排污，节省管网设置的费用。粪尿分集后经过无害处理，既有利于灾区生态环境，改善卫生条件，也为农田恢复生产提供了生态肥，可谓一举多得。

四、结语

作为国内现行最成熟的应急性房屋修建方式，活动板房能在较短时间内提供大量较为舒适的住房，在汶川震后灾民安置中大量运用，但其建造方式对基地的要求比较高，对农田可能造成破坏，在可持续性方面还需作更多的思考。

纸管房作为国外成熟的建筑技术，可在灾后安置中直接运用。基于专业技术要求不高、低造价、对用地环境破坏小等优点，在实施过程中有很强的民众参与性，但这种方式对纸管材料质量要求较高，目前无法大面积推广。

集装箱存放集中、运输方便、易于搭建、造价低、可回收利用，能较好地满足灾后的应急性安置要求，但是在居住舒适度上有所欠缺，有待进一步改进。

粪尿分离厕所就地取材、造价低、施工便捷，以简易的方式从根本上改善厕所的环境卫生，减少排污，节约管道铺设费用。

灾后重建任重道远，对应急性修建方式的特点进行全面的认识，从修建难易程度、民众参与性、舒适度、造价、材料可持续性以及对环境的破坏程度等方面综合考虑，把握当时当地的实际情况，平衡灾后重建的应急性与长期性的关系，可以使得重建工作事半功倍。

参考文献

[1] 住房和城乡建设部. 灾区群众临时安置最少需三年. 新华网. http://news.xinhuanet.com/house/2008-05/21/content_8219370.htm, 2008.5

[2] 国务院决定3个半月内在灾区建百万套过渡房. 中国网. http://www.china.com.cn/news/zhuanti/wxdz/2008-05/21/content_15377836.htm, 2008.5

[3] 救灾物资生产遇"三难". 苏州市物价局. http://www.wjj.suzhou.gov.cn/E_ReadNews.asp?NewsID=1085, 2008.6

[4] 临时建筑进行时. 福州晚报. http://fzen.fznews.com.cn/fzwb/20080711/GB/fzwb^9841^43^WBA4311001.htm, 2008.7

[5] 若干关于此次"纸管屋架木板环保过渡房"释疑解答. 西南交通大学建筑学院, 2008.7

[6] 阿姆斯特丹住房短缺 游轮集装箱成学生宿舍. 中国网. http://www.china.com.cn/photo/txt/2007-09/13/content_8868215.htm, 2007.9

[7] 罗一城市把废弃集装箱改建为商品房. 数据中华. http://www.allchinadata.com/News/Detail.asp?LiterID=5443117&ColumnName=&Column, 2002.8

[8] 褚智勇主编. 王晓川, 罗奇副主编. 建筑设计的材料语言. 北京：中国电力出版社, 2005

作者单位：西南交通大学建筑学院

民众参与灾后重建的途径探讨

Investigation on tenant participation in post-disaster construction

唐 静 王 蔚 Tang Jing and Wang Wei

[摘要] 面对汶川地震后巨大的重建规模，我们在客观分析的基础上指出民众是重建大军中不可缺少的力量，同时结合国内外民众参与灾后重建的经验以及此次震后灾区当地民众的自建情况，探讨民众参与重建的有效途径。

[关键词] 灾后重建、民众参与、重建经验、自建途径

Abstract: *The scale of reconstruction after Wenchuan earthquake is so huge that tenant participation shall be taken as one of valuable reconstruction forces. Compared with tenant participation experiences abroad, the article studies the effective ways of introducing tenants participation to the post-disaster reconstruction.*

Keywords: *post-disaster reconstruction, tenant participation, reconstruction experiences, self-construction*

一、汶川地震重建形势

5月12日14时28分那场地动山摇的噩梦撼动中国，摇动半个亚洲。在四川省汶川发生的这场8.0级特大地震，其波及面之广泛、破坏之严重、人员伤亡数之巨大，历史罕见。

就破坏程度看，据不完全统计，此次地震中倒塌房屋546.19万间，遭严重损坏的房屋约593.25万间，造成数百万人无家可归。同时，四川省21个市(州)有19个受到不同程度的影响。重灾区面积超过10万km^2，涉及6个市州、88个县市区、1204个乡镇、2792万人，波及面积极其广泛[1]。

1. 重建规模

如此之大的损毁程度使我们面临怎样的重建规模？根据相关部门的初步估计，此次地震灾害已造成四川省数十个乡镇80%以上房屋的损毁，受灾人数达1000万人以上(图1～2)。重灾区汶川县城内，绝大部分房屋已成危房，只剩下十多处理论上可用的房屋。而北川县城几乎化成废墟，夷为平地。同时交通、电力、水利、通信等各方面的基础设施也遭到严重损毁。

现阶段条件下，要让全部的灾民得到安置需要约3个月的时间。今年的时间已经过半，要确保灾民顺利度过今年的酷暑严寒，我们面临的重建任务不仅仅是量上的挑战，还有时间上的急促(图3)。再者，在过渡安置房之后的永久性住房重建阶段中，我们面临着更为艰巨的任务。初步计算，"若以三人为一个单位计算，重建的住宅数量至少要330万套，每套按经济适用房60m^2的要求计算，则重建的住宅面积至少是1.8亿m^2。再按照商品住宅的建设速度，至少要用6年的时间才能完成这1.8亿m^2的住宅重建量"[2]。

1. 地震对房屋造成严重损毁（资料来源：宋彩菊拍摄）
2. 地震对房屋造成严重损毁（资料来源：宋彩菊拍摄）
3. 受灾地区临时安置点人满为患（资料来源：宋彩菊拍摄）
4. 福建省厦门市对口援建灾区小学（资料来源：林珂拍摄）

摆在我们面前的重建规模，是建国以来少见的。以上一系列严峻的数据如果放在任何独立的机构、组织面前，恐怕都难以承受和应对。因此，重建不可能仅仅靠一两种主体来完成。只有政府、社会各界的团结，才能实现这一艰巨的任务。

2. 参与重建的多种主体形式

就目前来看，灾后的重建行动中，政府有规模的组织是主导力量，发挥着顶梁柱的作用。在与时间赛跑的同时为应对如此巨大的重建规模，国务院制定灾后恢复重建对口支援机制，明确19个省市对口援助重建工作[3]（图4）。四川省政府确定"无灾区和轻灾区帮重灾区，一个市（州）帮一个重灾乡镇"的原则，建立对口机制，开展为期3年的省内对口支援行动[4]。随后四川省建设厅在全国组织援助四川100万套过渡安置房的行动。在8月10日前分三期完成建设，可解决约400万人的临时住房问题[5]。在此期间，各相关部门也派出大量专业技术专家干部分赴重灾区以支援灾后重建工作。5月28日，四川省灾后重建的第一个重大项目签订，铁道部和成都市政府将共同建设成都至都江堰的快速客运铁路和成都新客站、成都货车外绕线等相关配套设施，通过交通等基础设施的复兴来带动灾后恢复工作[6]。

再者，民间团体组织、高等院校、企业等力量在重建中也扮演着极为重要的角色。危难时刻，企业、商家们的行动表现出了强大的社会责任感和凝聚力。

根据省统计局社情民意调查中心和西南财经大学统计学专业师生联合开展的民意调查显示：80%的灾区群众愿意在政府的帮助下回到家乡重建家园。有83.5%表示在重建工作中应首先解决住房问题[7]。

那么，实现灾区民众自建家园的可能性又有多大？台湾"9.21"地震后的"新校园运动"可以回答这一问题。在"9.21"地震中台湾有几百所学校被摧毁，破坏力波及到许多乡村。地震发生后，民间力量迅速赶到灾区，按照当地自己的方式建设了一到两所学校，并将这种重建的经验向主管当局推举，说服了台湾教育行政部门，将这一行动作为一个至上而下的号召，起名"新校园运动"来推广教育建筑的重建和改革。在被严重损毁需要重建的共293所校园中，由民间力量重建起来的校园共108所，教育行政部门委托专业管理公司重建22所，教育行政部门委托内政部门营建署重建41所，地方政府自建122所。由此可看出民间力量在灾后重建中发挥出的重大作用。另一方面，在重建过程中，短期、中期、长期的各项工作任务繁杂众多，由于政府、社会团体的任务覆盖面的广泛性，其援救时间常常有限，而灾民的自救却可以维持其长期性。

从台湾的经验可看出："民间先行，民官联合"的重建方式符合灾后重建这一长效性的任务需要，社会也急迫地需要民间力量加入支援，同时能够达到满意的效果，因为重建工程的使用者是灾民自己。

一、我国及亚洲其他地区民间力量参与重建的经验

通过以上分析，民众参与灾后重建的必要性不容质疑。关键在于通过怎样的途径可以使民间力量得到有效的发挥。在这方面，我国及亚洲其他地区不乏相关经验。

1. 日本

作为自然灾害多发国，日本积累了丰富的民众灾后重建经验。"1995年1月17日，以日本神户市为中心的阪神地区发生了里氏7.3级大地震。共有6434人遇难，几十万人无家可归，受灾人口达140万人，被毁房屋超过10

万栋,经济损失总计超过960亿美元。"阪神地震后的重建工作历经了10年的艰辛历程。由于地震后日本政府救援滞后并拒绝海外援助,因此在灾后重建时涌现出了大批志愿者组织,他们不但得到了政府的肯定,甚至在经费上得到了政府的补助。在这一个长期的系统工程中,日本神户建立了一个重建基金,分为基本基金和投资基金两类,前者由政府投入,主要用于基础和公共设施项目的建设,后者为民间投资,主要用于建设商业性项目。两类基金相互结合,为充分发挥民间力量提供了有力的后备保障,也使政府的举措效率更高。另一方面,在灾后重建设计上,日本当局也有意识地调动当地居民的积极性和参与性。在2007年7月16日遭受里氏6.8级地震的日本新潟县的重建过程中,采取了1989年美国加利福尼亚州洛马普里塔地震后,当地商店街的重建方法,以"童话式复兴"的概念来进行重建规划。即鼓励街道的居民发挥想像力,在城市规划专家的引导下,以漫画故事等形式描绘出想像中十年后的生活空间蓝图。以充满情感的浪漫方式激发他们建设家园的热情和思维,为重建的设计任务打下了坚实的群众基础[8]。从日本的经验可看出,灾后重建不是一个空头口号,也不应是一项孤立的工作,经济、就业、住房等各方面都应结合在一起统筹考虑,才能为民众参与重建提供现实方面的途径,使得这一潜在力量有其发挥的空间和必要平台。

2. 台湾

再从建筑专业设计的角度看,我们又能为民众自建开辟哪些途径?台湾"9.21"大地震后邵族部落的重建给我们提供了非常宝贵的专业经验。居住在台湾山地日月潭最深处的邵族在震前有3000多人,震后仅存281人。地震几乎摧毁了当地所有饭店、景点,切断了族人的经济来源。在台湾本地建筑师的协助下,邵族部落采取了保存本族人聚居的社区,主要靠族人的力量在"生态意义"上进行重建的方式,结合当地的经济能力和气候温和的特点,以竹木结构和轻钢结构为设计出发点,建造出一种抗震性好的轻钢结构房屋,从而取代了水泥房。材料上遵循就地取材的原则,采用轻钢和本地随处可见的竹子、木头、泥土,极大地降低了成本。至于住宅的外观样式和位置朝则完全由居民选择。同时建筑师协同当地民众摸索出一整套易于操作的施工程序和方法,不依靠大型机械和专业施工人员,部落里"只要有劳动力和劳动意愿的人都能加入"。民众的参与使得他们有更细致的表达机会,也让重建的工程在满足量的需求之外使房屋的多样性成为可能,并利于传统乡村民居风格的恢复[9]。台湾邵族村落的重建经验表明:在灾后巨大的建设需求量中,建设的专业化是民众参与重建的一个障碍,淡化建设的专业性,设计出适合普通人搭建的房屋是使民众能够真正参与到重建中的关键。具体落实到建筑工作者身上的核心任务就是将简便留给搭建,将困难留给设计。在设计本身阶段多加考虑,尽量寻求办法简化构房程序,淡化建筑的工具化,使得随后的具体操作更为容易,从而使民众具有自建的实际能力。

3. 河北

河北定州市晏阳初乡村建设学院推出了两栋框架结构的示范宅屋,其目的是为协助经济弱势的群体以互助的方式共同参与社区建设,引导农村剩余劳动力的投入,促进社区自主营建产业的发展。示范屋采用框架结构,通过简化构造设计,让非建筑专业的村民可以方便地参与施作,其搭建经验对灾后民众的自建也具有启发作用。

该示范屋主体框架以原木或轻钢型材为料,由梁柱斜撑等构件相互咬合而成,以负担房屋的主要载重。墙体由草和土填充构成,且只负担自身重量,所以房屋的抗震性能比砖混结构优越。同时房屋的采光、通风等问题通过合理的设计也都能得到满足。该示范屋的建造避开了原木结构房屋在营造中所涉及的较高木工技术,在搭建中首先将轻钢骨按顺序连接,竖立起房屋的骨架后,就只剩下抹泥墙等建筑表皮的简单工序,这些工序可按照当地的方法来做。如包括墙壁门窗等方面的施工,即使砌筑得稍欠整齐,也不影响安全和使用。该项目的设计人员声称"只要会紧螺栓,就能干"[10]。通过采用可回收或居民自己能生产的建筑材料,降低了房屋的材料成本;同时采用系统化、简单化的建造工具和施工技术,实实在在提高了居者对房屋建造的参与性。

从台湾、河北等地项目的经验中,我们不妨提出这样的构想:专业人员先根据当地的具体情况提供一个基本的主体结构框架设计,剩下的诸如围护结构等体系由当地民众就地取材按照自己的做法来完成。同时通过对施工技术、工具的简化,使广大非专业民众能够投身营造的过程。这一方式的另一优势在于:通过民众在实际建造过程中对非承重结构进行一些各自不同的变化,造成如色彩等方面的差异,

5. 灾区当地民众参与板房修建(资料来源:林珂拍摄)
6. 灾区当地民众参与板房修建(资料来源:林珂拍摄)

可使房屋在满足质和量要求的情况下实现多样性的可能。

三、此次灾后当地民众参与重建的案例

以上是其他地区民众参与重建的实际经验，我们在有选择性地借鉴之外，还应针对本次灾后各方面的具体情况探索适合民众参与重建的各种途径。很欣慰地看到，现在已经有很多灾区民众热情饱满地投入到重建的队伍中来（图5~6）。

1. 青川

本次地震重灾区青川县25万人失去家园，在浙江省的对口帮扶下活动板房的安装一直在紧张进行。"青川县白家乡的四个村房屋受损面积达100%，震后几乎无房可住，由于受灾群众数量太多，板房处于供不应求的形式"。白家乡牛尖村的村民向当地驻军求助，提出帮助村民搭造自建房的想法，得到了乡党委、政府的支持，并派出部分战士帮助当地村民，每户仅用一天时间就能搭建三间约40m²的临时住房。且建房的决大多数材料是从废墟中收集而来，自己购买材料的费用在500元左右，全村200多名村民就是通过这种自建的方式改善了居住环境[11]。

2. 绵阳

绵阳市游仙区受灾群众通过政府资金补助和专业指导，就地取材，参照国家救灾板房的设计，以木杆做支架，方砖为地板，蓬布、晒垫、草帘层层叠加为墙。并采用铁丝加固、草帘隔热、纱窗遮挡、四周砌排水沟等措施，基本实现"五防"要求，告别了"窝棚村"的生活。"每套土板房的材料成本从500到1300元左右，只需1~2日即可建成。政府对过渡房验收后，按政策给予每户2000元的建房补贴。当地上千受灾居民已经以这种方式得到了安置"[12]。

3. 广元

广元市利州区雪峰街道办辖区在地震中共有980户房屋完全垮塌，其余多数房屋受损不能居住，"而民政部下拨的帐篷仅60顶，根本无法做到每家每户都能发放"，当地部分居民在区民政部门的帮助下就地取材，发动有劳动力的群众自己动手搭简易房，这在相当大的程度上减轻了政府的建设量，使得政府可以抽出手来重点组织工程队为缺少劳动力的家庭进行突击建设。具体做法是同一社的村民小组多户按同样的规格并列修成一排简易房。建造的材料取自自家屋前屋后或是附近山地上的树木竹子。由街道办提供彩条布，用不久前刚刚收割的麦草铺垫。主要的工序包括紧固木头、用木支撑起房屋的主体框架、扎牢竹子、在房顶上用竹子做檩，上铺一层厚实的麦草，用彩条布将木头围成"墙体"，地下用木搭建离地面约20cm的"木地板"以防止地面的湿气。搭建一间20多m²的简易房仅一天时间就可以完成。据悉全省初步计划建20万座简易棚，政府将给予补资鼓励灾民自救和社会力量扶助建房。灾区一些倒塌的房屋的材料通过清理后仍可利用于建造简易房。在灾后重建永久性住房时，其中的部分建材还可以用于各种辅助设施的建造。利州区的这种办法成本低、便于恢复重建，也符合群众的实际情况。这种因地制宜、简便的方法值得在灾区推广[13]。

四、结语

综上所述，民众参与灾后重建具备有效性、高效性、持久性的特点。在灾后重建这一长期系统的过程中，可从以下各方面采取措施为民众参与灾后重建提供有效的途径与平台，包括：

1. 政府支持；
2. 提供经济后备保障；
3. 利用重建的设计和规划过程调动民众的积极性和参与性；
4. 结合经济、就业、住房等各方面统筹考虑重建；
5. 提供专业技术协助，物质补充，人力补充；
6. 淡化建设的专业性，简化施工程序，降低建筑的工具化；
7. 与民众合理分工配合，专业人员提供主体框架结构，民众完成后续非承重部分。

通过以上途径，可使民众有意愿、有条件、有能力去参与到灾后重建的浪潮中来。地震让人们在顷刻间觉得自己渺小而卑微，但巨大的伤痛应该激发我们暂时忘记自我，多一份同感，让大家都是设计者、建造者，我们相信大众的智慧与力量一定能够强有力地支撑起艰巨的重建工程。

注释

1. 李成云. 5大方面体现汶川大地震破坏程度属历史罕见. 人民网—时政频道. http://politics.people.com.cn/GB/99014/7286657.html, 2008.5

2. 灾后重建：策略第一，资金第二. 北京青年报. http://bjyouth.ynet.com/article.jsp?oid=40631972, 2008.5

3. 汶川地震灾后恢复重建对口支援方案. 人民日报. http://politics.people.com.cn/GB/1026/7399635.html, 2008.6

4. 13个市州各帮一个重灾乡镇. 华西都市报, 2008.6.18

5. 建设部：3个月援建灾区100万套过渡安置房. 四川在线—华西都市报. http://news.163.com/08/0522/11/4CIORESI0001124J.html, 2008.5

6. 我省灾后重建的第一个重大项目签约. 华西都市报, 2008.5.29

7. 8成群众想回家重建家园. 华西都市报, 2008.6.6

8. 日本：灾后重建追求人性化. 检察日报. http://news.sohu.com/20080608/n257360183.shtml, 2008.6

9. 台湾著名建筑师谢英俊谈灾后重建. 外滩画报. http://news.sohu.com/20080611/n257429700.shtml, 2008.6

10. 谢英俊. 让弱势群体协力营造生态房. 北京青年报. 乡村建筑工作室. http://www.naturehouse.org/Attention/bingjingyouth.htm, 2006.2

11. 驻军帮忙，我们住进自建"板房". 华西都市报, 2008.6.11

12. 别"窝棚村"广建"土板房". 华西都市报, 2008.6.18

13. 废墟上，群众自己搭起简易房. 华西都市报, 2008.5.25

作者单位：西南交通大学建筑学院

何乐而不用干墙
——汶川震后看建筑隔墙的抗震问题

Why not dry-wall?
Reevaluation of seismic design of partition walls after Wenchuan earthquake

楚先锋 苏 加 Chu Xianfeng and Su Jia

[摘要]一提到建筑的抗震，大家总是会先想到主体结构的安全性能，而作为非承重结构构件的建筑隔墙的抗震常常处于"灰色地带"，不被人重视。其实，在地震灾害中，造成人员伤亡的一个重要原因是隔墙的倒塌，所以，隔墙的抗震不可轻视。本文从汶川"5.12"地震后房屋建筑震害情况，总结建筑隔墙如何提高抗震性能、减轻震害，供建筑、结构设计人员参考。

[关键词]建筑隔墙抗震、震害

Abstract: As to seismic structure design, most of emphases have been given to the main structure. Partition walls, as it is non-load bearing, have been to a large extent neglected. However, one of the major reasons of human casualties in earthquake is the collapse of partition walls in the building. Based on the analyses conducted on the building damages in Wenchuan earthquake, the article discusses the ways of increasing earthquake resistance of partition walls, and thus reducing damage.

Keywords: earthquake resistance of partition walls, earthquake damage

一、概述

建筑隔墙通常作为建筑的非结构构件，主要作用是对建筑进行外部围护和内部房间分隔，目前我国广泛使用的填充墙有两种：砌块类（实心砖、多孔砖、空心砖、混凝土砌块等）和墙板类（轻钢龙骨石膏板、ALC板、纤维水泥板等）。其中，轻钢龙骨石膏板隔墙就是我们在《住区》2008年第2期（总30期）《何乐而不用干墙》一文中提到的质轻、有弹性的干墙。

汶川"5.12"地震之后，拉法基公司的部分国内、国外专家到汶川再进行了实地调研。调研结果表明，建筑隔墙的抗震不可轻视，其设置不当也会造成房屋倒塌。

地震后，甘肃文县碧口镇几乎百分之百的房屋倒塌或被损毁而无法居住，然而在碧口镇窦家坝村，有一栋两层民房却屹立不动，除了轻微的墙壁裂纹，这栋砖木结构的民房与往常无异。甘肃省地震局应急处有关人员对它进行了详细考察。据了解，该房屋在1998年建造时没有过多考虑抗震功能，也不是什么框架结构，就是普通的砖木结构房屋。与其他房屋不同的是，房顶仅以木椽青瓦覆盖，质轻。一楼完全用优质实心砖，二楼用的空心砖；而各间房间之间的间隔并非砌以砖墙，而是用木质材料隔开。据分析，是木质材料的弹性起到缓冲作用救了这栋民房——"可能木质材料比较有弹性吧，不像砖墙那样缺乏缓冲"。

1.被媒体宣称的"甘肃最牛民房"，震后独存（图片来源于搜狐新闻网http://news.sohu.com/）

所以，对于常常处于建筑和结构专业"灰色地带"的建筑隔墙抗震，不可轻视。本文将结合震害进行分析，提供解决办法，供设计人员参考。

二、汶川地震灾害分析

根据调查分析，汶川地震灾害的破坏形式分为如下几种：

1.建筑整体扭转破坏

震害发生原因是建筑平面质量中心和刚度中心不重合，没在同一竖线上，建筑在水平地震作用下，整体发生扭转破坏，甚至倒塌（图2）。抗震要求建筑隔墙平面布置均匀对称（成为规则建筑），质量中心和刚度中心重合，且处于同一竖线上。但建筑功能需求和抗震要求经常会发生矛盾，建筑隔墙平面布置不均匀、不对称（形成不规则建筑）。而干墙的使用为这个问题提供了可行的解决办法，即：主体结构和刚性隔墙（每层都在相同部位的砌块类永久性隔墙）严格按照抗震要求进行布置，避免扭转破坏，满足抗震要求；其余隔墙采用干墙，满足建筑功能需求（图3）。

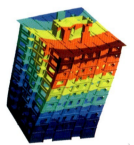

2.建筑扭转破坏模型

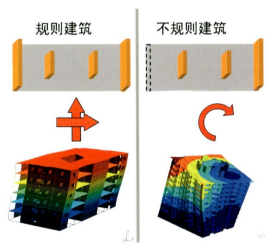

3.规则建筑与不规则建筑在地震力作用下的不同变形模型

2.薄弱层破坏

震害发生原因是建筑刚性隔墙上下布置不连续（图4~6），出现薄弱层导致刚度突变。在地震作用下建筑薄弱层柱子承受了较大的竖向荷载，出现塑性变形后产生较大位移，从而加速柱子的破坏，造成整幢房屋倒塌（图7）。抗震要求建筑刚性隔墙布置应上下均匀，避免出现薄弱层。出现这种问题的原因同样是建筑功能需求和抗震要求之间有矛盾，尤其临街商住楼多采用底部框架结构，底部容易出现薄弱层。解决办法是上部主体采用干墙减轻建筑的总荷载，或对薄弱层进行加固处理（抗震墙、支撑等）。

4.底层为结构薄弱层
5.多个结构薄弱层

6.薄弱底层柱子塑性铰（图片来源于都江堰地震现场）
7.薄弱层导致倒塌（图片来源于都江堰地震现场）

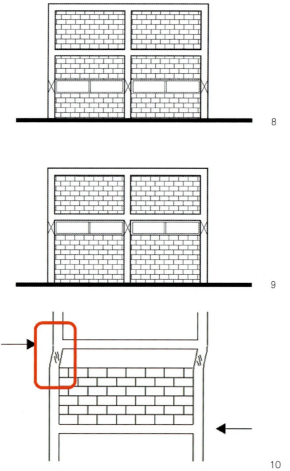

8~10.引起短柱破坏的原因是局部的刚性墙体对柱子产生了约束，短柱破坏部位通常在门窗洞口处

11.12.短柱破坏，引起倒塌

3. 短柱破坏

震害发生原因是墙体与柱子刚性连接，对柱子形成约束，改变了结构模型和破坏形态（图8~10）。地震时，支撑楼层的柱子发生脆性短柱破坏，会造成楼层突然倒塌（图11~12）。抗震要求采用轻质板墙或与柱柔性连接预制墙板，不应采用砌体类刚性墙体。问题的解决办法是按照抗震要求采用干墙或与柱柔性连接预制墙板，不应采用砌体类刚性墙体。

4. 隔墙破坏

震害发生的原因是砌块类隔墙刚度大，变形能力差，无法与主体结构层间变形协调。地震时自身发生破坏，甚至坍塌（图13~14）。地震中不少人员的死伤就是因砌块类隔墙倒塌造成，尽管主体结构没有倒塌。抗震要求墙体与主体结构应有可靠的拉结，应能适应主体结构不同方向的层间位移。解决办法是采用延性好的干墙（石膏板墙、木板墙等，"甘肃最牛民房"就是一个实例），或者，采用砌块类墙体时，应与柱脱开或柔性连接，并应采取措施使墙体稳定。

13.14.砌块填充墙破坏（图片来源于都江堰地震现场）

5. 隔墙破坏结构

除了上述地震灾害原因，砖墙、砌块填充墙还会对结构本身造成损害。因为砖墙、砌块填充墙的刚度大，在地震时会对梁柱结构产生挤压作用，承重结构的混凝土破裂，就可能导致房屋倒塌（图15~16）。

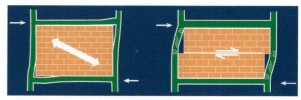

15.填充墙对结构的破坏示意图

16.填充墙对结构的破坏（图片来源于都江堰地震现场）

三、隔墙抗震性分析

从上面的分析中我们可以看到，干墙在建筑抗震设计中：

1. 质轻，能减少建筑总荷载，减小薄弱层破坏。因为建筑物抗震的两大要素是重量和结构，地震时庞大的自重和惯性一旦和地面运动形成相对运动，就会瞬间变成废墟。因此，干墙减少了建筑的重量，就是减少了破坏建筑物的重要因素（图17）。

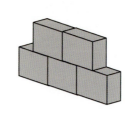 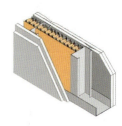

17.建筑隔墙重量对比：150厚砂加气砌块墙系统重量140kg/m²，石膏板隔墙系统重量43kg/m²

2. 柔性好，非结构性石膏板和其余结构并不产生相互作用，能减小对结构主体的破坏，减少短柱破坏和隔墙破坏。柔性墙体采用铰接、滑动支座连接，震动和扭曲不会使墙体倾倒(图18)，地震中可以挽救更多的生命，震后可以迅速实现修复和加固(图19)。

18. 柔性墙体采用铰接、滑动支座连接，震动和扭曲不会使墙体倾倒

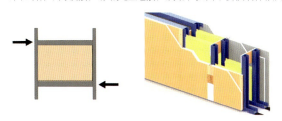

19. 非结构性石膏板和其余结构并不产生相互作用

3. 布置灵活，能和砌块类填充墙配合使用达到平衡建筑刚度分布，减少建筑扭转破坏的效果。

在拉法基的专业实验室内，通过对砌块墙和石膏板墙在小震(多遇地震)和大震(罕遇地震)时进行模拟测试(图20)发现：

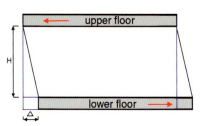

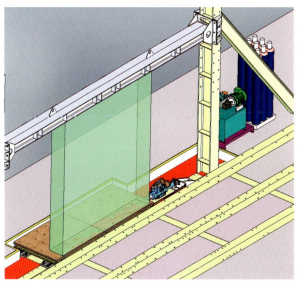

20. 拉法基的实验室内对砌块墙和石膏板墙在地震状态下进行模拟测试的示意图

小震时，砌块墙局部开裂，变形小，没有倒塌；而石膏板墙无开裂，变形稍大，没有倒塌(图21)。

大震时，砌块墙发生突然倒塌破坏；石膏板墙局部掉板，龙骨变形，没有倒塌(图22)。

21. 小震时砌块墙局部破坏，石膏板墙无破坏

22. 大震时砌块墙突然倒塌破坏，石膏板墙局部破坏，没有倒塌

通过以上对比测试不难发现，干墙的抗震性能优于砌块类隔墙。研究人员分析其原因发现这主要是因为：砌块类隔墙由于刚度大、变形差、与主体结构变形不协调，在地震作用下易发生结构因扭转、薄弱层、短柱等原因的破坏，形成震害，不利于"大震不倒"的抗震要求。石膏板隔墙由于重量轻、延性好、与主体结构变形协调，有效减轻结构地震作用力以及扭转、薄弱层、短柱震害，大大有利于达到"大震不倒"的抗震要求。

综上所述，建筑隔墙抗震不可轻视，否则会造成人身财产的巨大损失。不论从墙体本身，还是从与主体结构的关系来看，干墙抗震性能优于砌块类隔墙。采用干墙不但能够满足抗震的要求，而且能够通过灵活的布置满足建筑功能的要求。

故此，何乐而不用干墙？

作者单位：楚先锋，万科集团建筑研究中心
苏 加，上海拉法基石膏建材有限公司

回归建筑教育的本源
——写在"5.12"汶川大地震之后
Return to the essence of architecture education After Wenchuan earthquake

杨青娟 *Yang Qingjuan*

[摘要]本文从"5.12"汶川大地震所引发的一系列关于建筑教育的思考出发,简要分析我国建筑教育现状,从直面教育中的"唯美"倾向、完善建筑技术教学环节、关注德育教育等问题展开阐述,期望今后的建筑教育能更好地回归建筑教育的本源并不断发展。

[关键词]建筑教育本源、"唯美"倾向、建筑技术、职业道德

Abstract: *Based on a series of reflections on architecture education after 5.12 Wenchuan earthquake, the article analyzes the present scenario in architecture education. Started with the issues of aestheticism tendency, building technology knowledge and professional morality, the author anticipates returning to the essence of architecture education.*

Keywords: *essence of architecture education, aestheticism tendency, building technology knowledge, professional morality*

2008年5月12日14时28分,震惊世界的汶川大地震发生了,随之而来的是数万生命的陨落和无数建筑的倾覆。人们惊恐地发现庇护着日常生活的建筑在地震中几乎成了生命安全最大的威胁。这在某种程度上改变了人们看待建筑的方式,隐藏在繁荣建筑现象后面的建筑安全、建筑师社会责任等问题逐渐进入了公众的视野。许多思考也从此开始。

一、关于建筑教育思考的由来

截至七月,"5.12"汶川大地震共造成69197人遇难[1],无数间房屋倾覆。而与之相对应的是我们的邻国日本,自"1923年关东、东京、横滨一带发生大地震造成14万人死亡"[2]后,日本"地震死亡人数陡然下降,无论多大的地震,死亡人数再也没有超过1万"[3]。而中国作为"大陆强震国"[4]之一,仅解放后就经历了邢台、海城、唐山等多次大地震。国家在此之后也多次修改《建筑抗震规范》,基本"每10年修改一次"[5],然而此次地震仍然造成了如此大的人员伤亡,被评论是"仿佛就是海原大地震、唐山大地震的重演"[6]。人们自然要问问题出在哪里?中国建筑的问题出在哪里?大量建筑师们在地震之后义无反顾地奔赴灾区,他们在抗震救灾的同时都在思考中国建筑在此之后将如何发展。而作为与建筑发展息息相关的中国建筑教育也需要深入反思。

近一个时期以来,中国建筑教育随着开办学校和招生人数的不断上升,呈现出和中国建筑一样欣欣向荣的景象。当然这两者之间存在着紧密的联系,因为正是这大量走出学校的建筑师辛劳而快速地完成了如此大规模的中国建筑设计生产。所以如果说中国建筑存在什么问题的话,建筑教育难辞其咎。而此次地震是震耳欲聋的警钟,提醒建筑教育者们时不我待,必须尽快找到症结,找到中国建筑的正确发展道路,这不仅对建筑发展是必须的,也对应对灾后重建和未来可能发生的灾害具有积极的意义。

二、关于回归建筑教育本源的思考

1. 某受损建筑，立面改造后加的屋顶受损严重（作者自摄）
2. 某受损建筑，装饰的屋顶受损严重（林青提供）

1. 建筑教育与回归本源

建筑教育与回归本源是个很难用文字表述清楚的问题，但对建筑及其教育的本源的认知对理解这个问题十分必要。然而谈到建筑就遇到了第一个障碍。因为尽管建筑伴随人们的左右，但对于它的理解有太多分歧。每个人都有自己的理解："建筑是人们用石材、木材等建筑材料搭建的一种供人居住和使用的物体"、"建筑是居住的机器"、"建筑是石头的史书"。英国建筑史家克鲁克感叹说："我们关于建筑的观念——从人类第一次造了个掩蔽体然后打量它是否好看的时候起，一直是稀里糊涂的"[7]。这种稀里糊涂情况在近两个世纪随着建筑类型、建筑技术的发展更加恶化。人们有时已经忘了建筑是为人而服务的，不是为了建筑而建筑，也不是建筑师个人英雄主义的表演。对于这个问题，1999年发表的《北京宪章》中有一针见血的论述："近百年来，建筑学术上，特别是风格、流派纷呈，莫衷一是，可以说这是舍本逐末。为今之际，宜回归基本原理，作本质上的概括，并随机应变，在新的条件下创造性地加以发展"[8]。

关于教育倒是十分清晰明了，它从本质来看并不是要培养某种职业的人，其终极目的应该是培养学生如何做人，做一个对社会有益的人，一个幸福的人，一个具有道德操守的人。因此对于建筑教育来说关键并不在于培养出了建筑师，而首先在于培养出的学生是个对社会有益而又幸福的人，其次才是具有正确建筑观和职业能力的合格人才。

2. 回归建筑教育本源需要解决的一些问题

(1) 直面建筑教育中的"唯美"倾向

中国的建筑教育体系来源于法国美术学院的布扎体系，在中国的发展可以分成三个阶段。其中最1950年开始到80年代介绍的第二个阶段，布扎体系"完成了本土化的转换过程"[9]。20世纪80年代至今被看作是"后布扎"年代，许多高校尝试着建筑教育改革，并不断取得进展，但不容质疑的是布扎体系的影响仍很巨大。由于布扎体系强调比例、尺度、构成，有人称之为"唯美"的教育模式[10]。在这种教育模式的影响下，国内高校的建筑设计课程教学中，许多学生甚至教师更倾向于好的"概念"和"想法"而非设计的可实施性，更偏于艺术追求而忽视技术推敲。

这种思想的根源有着教育体系的历史，但同时也有着社会的现实背景。国外建筑大师不断在国内追求着"形式极端"[11]，标新立异的建筑层出不穷；而甲方无论是政府还是房产开发商都追求着"新颖的"、"50年不过时"的建筑形式。在这个背景下，建筑的外观形式成为了许多建筑师最重视的部分。有些建筑师甚至成了"立面设计大师"，在整个设计中只关心立面造型。特别是涉及立面改造项目时，建筑师更采用了"舞台布景"式的设计，粉饰着中国的城市。这正是建筑的"美学态度"[12]的体现。这种美学态度最明显的操作方式是："建筑作品=房屋+装饰"[13]。灾区中许多受损严重的没有实际功能的附加装饰构架(图1~2)提醒了人们这种做法的脆弱，不仅在建筑的设计逻辑上，也表现在建筑的安全性上。

其实国内许多高校也早已意识建筑教育中"唯美"倾向是"布扎"体系的欠缺之一，并尝试做了大量的教学改革，但成效并不明显，其原因值得推敲。纵观进行改革的大多数学校有一个共同点，就是教学改革往往都是由留学归国的教师推动，他们将国外的先进教育理念和方法带回学校进行移植。正如布扎体系的本土转换花了20余年的历史一样，任何借鉴国外的教学体系和方法也必然要经过与中国相结合的道路。因此这些教学改革真正适应中国也需要一段时间。更重要的是在这段时间里，教育工作者必须有意识地发展根植于本土的建筑教育。吴良镛院士曾转述1978年第十三次世界建协大会上的"第三世界建筑活动及建筑教育情况"[14]报告，其中所提到的"建筑师与政府联系紧密而脱离下层民众需求"，"以欧洲和美国实际为蓝本"等等问题在今天仍然具有普遍性。因此建筑教育工作者应该再次重温这个观点："第三世界的建筑教育，应当尽一切努力避免抄袭外国的模式，要研究一些特有的问题，如农村的发展、城市规划、地方材料的应用、对本国文化的深入了解等。"[15]

只有这样才能将建筑师和大众向发达国家仰视的目光，转到国内；只有这样建筑设计才能脱离最求"唯美"的狭隘美学态度；也只有这样中国建筑才能走上健康的发展道路。

（2）完善建筑技术教学环节

此次"5.12汶川地震"中，尽管建筑倒塌的原因可以笼统地归因于地震，但具体分析起来每栋建筑都有自己的倒塌因素。关于建筑倒塌的结构原因正在研究中，但根据以前地震后的研究，建筑师可以得到很多有益的启发。如在台湾9.21地震后，研究得出结论显示有些建筑设计存在问题，其中包括"(1)建筑平面布置不规则；(2)建筑立面布置不规则，竖向刚度突变；(3)抗震措施和抗震构造措施不当；(4)个别结构设计过于大胆，设计缺乏抗震概念；(5)建筑规划和选址不当"[16]。并且研究显示"合理的建筑布置在抗震设计中是头等重要的"[17]。因此建筑师具有正确和完善的建筑技术知识对安全合理的建筑设计来讲是非常必要的。

在建筑学专业本科教育评估指标体系中"建筑技术"是智育标准中的重要组成部分，由"建筑结构"、"物理环境控制"、"建筑材料与构造"、"建筑的安全性"四项内容构成[18]。其中包括"有能力在建筑设计中进行合理的结构选型，有能力对常用结构构件的尺寸进行估算，以满足方案设计的要求"；"了解建筑的安全性要求，掌握建筑防火、抗震设计的原理及其与建筑设计的关系"[19]等内容。然而在实际教学过程中，一方面由于学生对这部分知识的不重视，另一方面很多院校所开设的课程并不足以满足建筑技术所有的要求，大部分学生并不能进行常用结构构件的尺寸估算。这一现象在与国外学校进行的教学合作中有明显体现。有高校曾进行过中德合作设计，"合作中德方学生的设计过程包含大量的深化推敲，制图全部达到了施工图深度，材料、节点、大样、详细的构造做法……方案的结构受力分析计算以及建筑电气设计等都是学生们设计任务的一部分……中国学生的绘图往往停留在方案阶段，精力大部分都投入到图面表现中，几乎不考虑工程技术因素。"[20]因此可以看出中国当下的建筑教育应该更重视完善建筑技术方面的内容。

除结构构造外，建筑安全的起点也许是从选择适合建造房屋的地方开始。汶川、北川的许多教训显示如果建筑建造在断裂带、冲沟等不利位置上，即或是建筑本身质量没有问题也无法保证使用者的安全。因此建筑选址对建筑安全来说是非常重要的。曾经有这样一个教学实例。在以居住小区规划为题的建筑设计课上，教师提出了两块地形让学生选择。一块是在平地上，而另一块是在山地上。学生大多选择了山地，其原因是坡地建筑在视觉、空间造型上更具有设计潜力和挑战性。但学生在设计过程中几乎没人根据地形坡度、朝向等现状问题思考建造的可行性和安全性并反映在设计中。

由此可见建筑学专业教育需要进一步完善建筑技术教学环节，培养学生全面的知识体系了解建筑的安全性要求。

（3）关注道德教育

在建筑学专业本科教育评估指标体系中德育是非常重要的评价内容。不仅需要满足普通本科学生的德育标准还要兼顾"职业道德与修养"，还需要"理解建筑师的职业道德和社会责任，具有一定的哲学、艺术和人文素养及社会交往能力，具有环境保护和可持续发展的意识。"[21]但通常在建筑学专业教育中德育教育其实处于边缘化的状态。专业教师们关注职业能力的培养，而忽视了更重要的教育人的职责。实际上社会需要学校培养的是具有良好职业道德的建筑师。

灾难是块试金石，它映射了很多平时无法注意到问题。在"5.12"汶川大地震前，建筑师代表着收入丰厚，地位高尚的所谓"艺术家"，人们更多地是仰慕其建筑作品；而地震后，人们开始关注建筑师的社会责任。灾区的众多建筑触目惊心地变成了一堆堆瓦砾，下面掩埋着活生生的生命，但仍有北川刘汉希望小学这样的"奇迹"建筑矗立着，这不免让人们对其中一些建筑的质量心存疑虑。这些建筑质量问题尽管可以归因于结构设计、施工监理等相关环节，但建筑师绝不可能独善其身置身事外。这其中是否存在受到经济利益驱使忽略建筑安全的现象，答案是不言而喻的。

而另一方面，2006年由一篇《中国式居住"，还是"中国式投机＋犬儒》[22]引发了对建筑师的职业道德和社会责任的批判和关注。与"中国式居住"中大规模别墅区开发引发建筑师极大热情相对应的是对中国低收入人群的居住现状的漠视。在那之后情况并没有好转。但此次地震倒是震倒了中国建筑现代化的"浮夸的外表",使更多建筑师的目光开始投向乡村和小城镇。很长时间以来,农村中常见的砖石结构低层农民住宅质量十分低劣的现象就一直存在。这些建筑尽管层数不高,但存在夯土作墙基、用一砖墙承重、以板代梁的很多不规范做法,有业内人士形容这种农宅"修起来就是一栋危房"。但四川的大部分农民因为对建筑安全的无知与经济能力的欠缺,不断重复着这样的修建方式。在小城镇中也是这样,建筑质量监控名存实亡,城市规划法规则在某种程度上没有起到约束作用。这些问题在震前很少有人关注,现在开始引起了政府、专业人士和大众的重视。

有人说此次地震"震出来了公民意识"[23],"觉得中国公民社会的破冰也许在灾后重建地区出现"[24]。也有人呼吁在重建中建筑师不要做恶性开发的帮凶。因此在这个特殊时期,建筑师的职业道德是高质量重建的必要保证。他们必须能抵制业主因为经济利益提出的不合理要求;抵制建设过程中的不规范现象;必须从专业的角度帮助政府做出正确的决策;需要在设计中负责任地全面考虑生态、社会、文化等方面的问题,而不是单纯地完成"生产任务"。因为灾后重建绝不仅仅是修建房屋这么简单。

为了保证培养出更多优秀的建筑师,教育工作者必须以身作则,并认识到建筑师的职业道德是教育中重要的组成部分。这是灾后重建的需要,也是教育本身的需要。

三、结语

尽管近年来中国的建筑教育不断发展,但"既未能使学生得到基本的建筑设计职业教育,又不能充分引发学生的独立思考和创新能力"[25]是建筑教育中的普遍问题。这个结论是教育工作者自己的痛苦反省。而伴随"5.12"汶川大地震而来的是对建筑教育的更高要求。建筑教育工作者应该认识到建筑教育必须回归本源,培养出更符合社会需要的建筑师。对此,建筑教育工作者应该充分认识到自己肩负的重任,因为未来家园将会是什么样,我们也许是铺下第一块基石的人。

注释

1. 雅虎新闻网. http://news.sohu.com/s2008/dizhen/
2.3. 单之蔷. 祖国的另一面:多灾多难. 中国国家地理, 2008(6).19
4.5. 徐永刚. 地震时,我们的房子安全吗. 中国国家地理, 2008(6).81
6. 同2
7. 徐千里. 创造与评价的人文尺度. 北京:中国建筑工业出版社. 53
8. 北京宪章. 3.2基本理论的构建. 吴良镛执笔
9. 顾大庆. 中国的"鲍扎"建筑教育之历史沿革——移植、本土化和抵抗. 新建筑, 2007(4).20
10. 曲静、张玉坤. 从中德联合设计看德国的建筑教育特点. 建筑学报, 2007(5).65
11. 沈中伟、张玲等. 浅析建筑创作的形式极端. 西南交通大学学报, 2008(1).127
12.13. (美)卡斯腾·哈里斯. 建筑的伦理功能. 申嘉等译. 北京:华夏出版社.3
14.15. 吴良镛. 建筑理论与中国建筑的学术发展道路——新版译著《建筑理论》上、下册序. 建筑学报, 2007(2).3
16.17. http://www.863p.com/Article/ArcFamous/200703/35115.html
18.19. 全国高等学校建筑学专业本科(五年制)教育评估标准. 2.3建筑技术
20. 曲静、张玉坤. 从中德联合设计看德国的建筑教育特点. 建筑学报, 2007(5).63
21. 全国高等学校建筑学专业本科(五年制)教育评估标准. 1德育标准
22. 朱涛. "中国式居住",还是"中国式投机+犬儒". 时代建筑, 2006(3)
23.24. 引自西南交通大学建筑学院与《时代建筑》主办的《灾后重建——建筑行动》会议中刘小虎的发言
25. 项秉仁. 当代中国建筑教育论坛. 时代建筑, 2007(3).48

作者单位:西南交通大学建筑学院

可以经受住地震考验的城市设计
——谈防灾建筑规划与设计
Earthquake-proof urban design
On earthquake-proof planning and design

叶晓健 Ye Xiaojian

[摘要] 本文以日本的防灾建筑规划与设计为例，较详尽地探讨了若干准则与实施办法，号召树立防灾意识，建设规划更加完善的城市发展蓝图。

[关键词] 地震、防灾建筑、规划设计、日本

Abstract: Taking earthquake-proof planning and design in Japan as example, the article investigates several related regulations and implementation methods. It calls for awareness of earthquake threats in urban development and related planning activities.

Keywords: earthquake, earthquake-proof building, planning and design, Japan

一、概况

防灾是城市发展中重要的内容，防灾规划设计不仅是根据城市实情进行的设计，而且也包括地域范围内对灾害可能发生情况采取的广域预防措施。在防灾中，除了强调自助(自己的生命自己保护)和共助(共同拥有的街道共同保护)之外，还需要强化居民的责任和明确各自的义务，形成易于防灾活动的自主互助组织，强化应急、复兴对策，而最为重要的是推进可以增进预防各种灾难的城市建设。

防灾规划也是一个广泛的综合社会型规划，错综复杂，涉及面广，它需要首先由行政部门制定的相关法规，即灾害基本对策法[1]，内容涉及非常广泛，基本上包括了在防灾事业上具有重要意义的公共设施的管理者们必须对应的各种事务以及防灾措施，防灾设施的建设，针对防灾进行的调查研究、教育、训练，以及防灾预报、情报收集、情报传送、救难救助、卫生医疗的应急措施和复旧措施。同时还有针对防灾进行的各种劳务、设施设备调济、物资送达、储存、分配、通讯等相关规划措施。

在城市建设规划中，防灾规划具有下列重要内容：首先，需要明确城市的危险系数，划分与周边城市形成相互连接的防灾网络(防灾圈)；其次，根据具体的危险系数，制定短期、中期、长期的防灾总体规划。防灾规划中重要的设计环节包括，城市基础设施的定位，开放空间与街道规划，针对城市中灾害易发生的危险地区的整备等，从避免和预防两个层面入手。

日本是一个多灾多难的岛国，在各种自然灾害中除了台风之外也是世界上地震多发国家，其中6级以上的地震一半发生在日本。防灾规划中针对防震措施和对策是重要的环节，同时包含针对地震引发的火灾、泥石流、海啸等二次灾害造成的危害的内容，这些危害往往会大于地震本身。1923年的关东大地震[2]造成的大火，令人至今记忆犹新。而刚刚于今年6月发生的岩手宫城内陆地震也引发了泥石流，将远近闻名的温泉旅馆淹没。

防灾规划是一个覆盖面非常广泛的法规，如何在城市设计中引入防灾理念就显得十分重要了。日本最早的防灾法规是1919年制定的街区建筑法中的防震建筑法规，主要是根据当时的木结构建筑制定的。随后，在1923年关东大地震之后，修正了防震相关条款。1950年颁布新的建筑设计法规的同时，废除了业已与时代发展不相吻合的老的法规。

对于城市基础设施的防灾规划，主要有两个方面：一个是作为防灾据点的避难设施，包括基本防灾中心；另一个是对于防灾的合理预防。目前很多城市根据近邻城市主区型理论形成了平均分布的街区道路，根据每个街区设置相对的公园绿地，另外相对集中地设置其他的公共设施，

1. 近邻住区型城市空间与防灾型城市空间对比
2. 东京地区学校作为地区防灾中心的示意模型
3. 立川广域防灾基地示意图
4. 立川防灾基地区位图及用地指标
5. 立川广域防灾基地示意图（摘自东京都政府网页）

而用地比较集中的防灾型城市需要在一定街区内保持空地，形成优势空间(图1)。在日本的城市避难场所中，主要的中小学校的体育馆都是避难场所，由于日本采用的是小学生集团上学的方法，即从小学校一年级第一天起，孩子们按照固定的线路走路上学(各种公立学校)，学校便成为人们日常生活中最为熟知的场所(图2)。另外公园也是避难场所，这样在发生灾难的时候，可以自然地引导人流。同时，各种政府公共设施——公民馆(市民活动中心)、体育馆等也是避难措施，这里往往同时存放了大量的防灾用品。区域中防灾设施的规划也是整体分布的，首先区立小学校、中学校等都是根据居民区分布而规划的，保证了区域内居民的避难途径和距离。这些避难措施在每年的防灾演习中，起到了重要的实战作用。

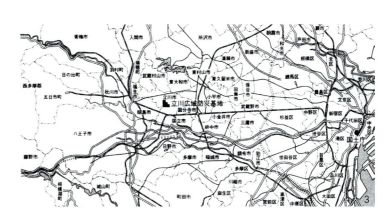

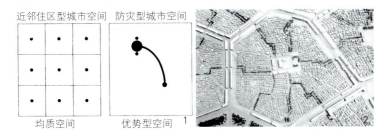

二、结合城市公园绿地进行防灾设施规划

在城市规划中，城市公园绿地的比例以及相对距离都经过了合理规划，同时被赋予了相应的防灾避难机能。但是在国内目前很多城市中心区的建设，盲目追求高容积率，忽视了相关的防灾道路建设、建筑间隔、防灾主要道路边界的退让等基本城市防灾设计指标，为今后的防灾埋下了隐患。

东京都立川市防灾基地是将防灾中心与公园完美结合的实例[3]（图3~5），它是东京都最重要的区域性防灾中心，选择了临近著名的昭和纪念公园修建，易于在发生灾害的时候堆放大量的防灾物资，并且位于相对地质条件较好的洪积层上面。作为防灾设施，它包括灾害对策指挥部预备设施、飞机场、自卫队航空设施、警察防灾相关设施、海上防灾相关设施、消防相关防灾设施的同时，还设立了东京防灾医疗中心，具备特殊医疗能力、配备专职人员的医疗机构，平时作为地区型中心医院，在灾害时成为防灾型医院。另外，其还设置了粮食仓库、地区防灾设施、人员宿舍等，建筑本身不仅具有抗震和免震的结构，而且设置了备用发电设备，可以支持设施72小时运转。

整个防灾基地立足于东京西部，除了为多摩地区服务外，也是东京都防灾系统的重要组成部分，总面积达到了115hm²(临近的昭和纪念公园的面积是180hm²)。它与周边的保留用地(作为绿化的空地面积达到了110hm²)，道路等整备面积达到了466hm²。

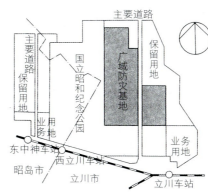

功能用途	面积
国立昭和纪念公园	约180ha
广域防灾基地	约115ha
业务用地	约30ha
主要道路	约30ha
保留用地	约110ha
合计	466ha

东京都厅舍（简称"都厅"）是作为城市防灾核心的政府设施，1991年在西厅开设了东京防灾指挥中心。都厅（丹下建三设计）整体采用了防震设计（图6），可以抵抗关东大地震级别的震灾，而且设置了自发电系统，仅燃油发电就可以提供三天的使用量。主要的防灾对策本部面积达到413m²，包括两面200英尺的屏幕、地图标示板，107人的会议室，通信室（228m²）。除此之外，指挥情报室（329m²）设置了灾害情报系统、图像系统、地震灾害判断系统、地震仪器网络系统。为了同时了解东京周边的受灾情况，在都厅顶部设置了直升飞机停机坪和观察周边街区的摄像机，都厅还停放了卫星中继转播车供灾害期间使用。在都厅周边徒步30分钟的范围内，安置了约为200户的灾害对策工作人员的住宅，在突发事件的时候，可以24小时形成迅速对应的网络。

应该注意到，在密集居住区或者商业区中设置集中绿地，设置必要的水源、灭火设施等，可以成为防灾的基地；另外将规划分布的中小学校作为防灾地点，在地震灾害中将起到显著的作用。这些都是在关东大地震之后，被积极引入到当时的恢复建设之中，到今天仍旧起着积极作用（图7）。

6.东京都厅舍为城市防灾核心（图片版权：董语）

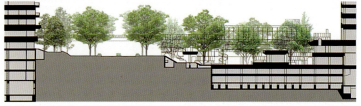

7.新宿三井大楼下沉广场同样起到了防灾作用，这是日本最早的超高层建筑采用的下沉广场。

三、结合日常生活积极进行防灾规划

任何防灾措施都是防患于未然，不能仅仅依靠有限的防灾中心，因为设置规划防灾中心毕竟是政府主导行为，而在城市防灾行为中，如何迅速建立起急救体系，包括备用品仓库，整备作为避难场所的公园和学校等直接措施之外，还需要从多方面在城市基础设施中注入防灾机能，强化规划中的防灾意识，这些都更多具有人为因素。

在东京都整体规划中，除了都厅的防灾指挥中心、立川的防灾基地是以提高民众防灾意识为主，池袋、立川、本所等地还设置了三所防灾交流中心，普及各种防灾知识和防灾技能。其中，池袋防灾馆早在1986年便建成开放，设置了早期防火、烟雾中避难、地震的防灾活动、急救措施等内容；立川防灾馆在1992年开放，又增加了模拟地震灾害的影像设施；2001年开放的本所防灾馆（墨田区）增加了可以体验直下型地震的3D影院和感受灾害的4D影院。除此之外，各个区域也提供了大量的防灾公共设施，比较著名的有北区地震科学馆（1984年开放，现在改为北区防灾中心）等。引入各种各样的先进技术都是为了提高人们对于灾害的认识，增强应急知识。

墨田区的防灾给水设施——路地尊，可将雨水集中到地下的蓄水池中，采用水泵将水压出，用于防灾使用（图8～9）。当地住户还针对这个设施成立了防灾组织，并且在区内设置了9处类似的设施。它不仅用于防灾，而且日常作为喷灌防灾广场、儿童游戏的活动空间等，已经深入人们的日常生活之中。大家对其进行解释"作为防灾的避难通道，平时是地域的活动广场，得到了大家的尊重"[4]。可见防灾规划和防灾设施，如果不能深入人们的生活，形成多层次和多方位的服务，也只能形如虚设，起不到实际作用。

为了纪念东京大地震中遇难的人们，在两国车站附近建设了东京复兴纪念馆，它曾经是东京1923年起建设的城市公园，在关东大地震时数万人聚集到这里，有很多人因为火灾的热浪而遇难。这座纪念馆由日本著名建筑师伊东忠太设计，模仿奈良时期古建筑的混凝土建筑。类似这样的纪念性设施可以唤起人们对于灾难的感受，增强防灾意识，也在防灾建筑中起到了重要的作用。

四、针对具有保护价值的建筑及早进行抗震补救措施

面对自然灾害，特别是地震灾害，城市规划中除去新的建筑在设计时要充分考虑防震措施之外，对于众多的具有保护价值、载负城市发展轨迹的历史建筑也需要及早进行补救和加固。这次四川汶川大地震中世界遗产都江堰建筑群受到了严重的破坏，是非常遗憾的。

在东京大地震中，赖特设计的帝国饭店屹立在东京都一片废墟之中，一度引来了广泛的瞩目。虽然赖特下意识地采用了船式基础减少地震对于建筑的影响，但是最终还是由于建筑的基础设计出现问题，最后被部分搬到了名古屋附近的明治村重建保存。针对目前城市中的文物保护建筑给予及早保存和保护，也是目前防灾措施中的重要一环。最近在一则新闻中看到，国内某著名专家对于汶川地震中受灾的地区下了已经不适合重建的判断，我想对于世代生活于此的一方民众而言，是否能够实施更加全面的判断和策划呢？

安藤忠雄设计的国际儿童图书馆，实际上是明治39年（1906年）竣工的原国会图书馆上野图书馆（帝国图书馆）的改建工程。原图书馆是重要的日本近代建筑，安藤采用了再生的手法。在充分尊重原有建筑的

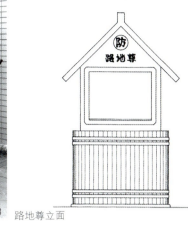
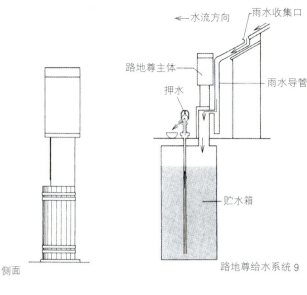

8.墨田区的防灾给水设施——路地尊
9.路地尊的平面、立面、侧面及节点图

前提下，引入新的机能。在改建中使用了免震结构，将原有的建筑结构架空，进行了全新的结构加固。在加固过程中，施工单位采用了先进的计算机控制系统，在每根柱子上设置荷载传感器。由于架空了原有的建筑，所有柱子的受力必须一致，通过计算机传感器实时监测荷载分布在超过平衡范围时调整建筑受力。因此安藤忠雄曾感慨对于这个工程，施工单位才是真正的建筑师(图10~11)。

同样，在东京大学工学部2号馆的设计中，岸田省吾也采用了完整保护原有建筑的手法[5]。原有建筑作为东京大学的重要建筑被保存下来，内部装修和结构都得到改善，新的理工馆架落在原有建筑的上面，而其结构又从老建筑下面打通，保存老建筑的同时也为新建筑争取到了足够的用地空间(图12~14)。

10.上野儿童图书馆室内(右侧为原有建筑，左侧玻璃廊是增建部分)(图片版权：张波)
11.上野儿童图书馆外景(建筑为原有部分，玻璃入口为增建部分)(图片版权：张波)

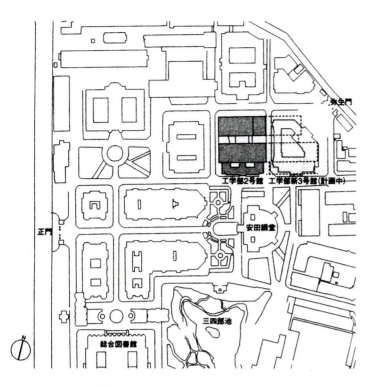
12. 东京大学工学部2号馆总平面（图片版权：东京大学计划室）

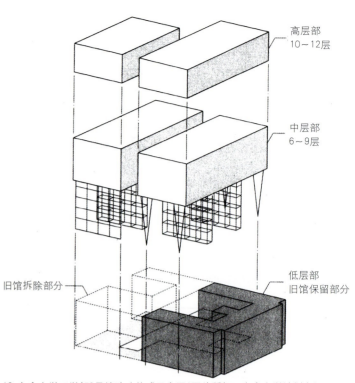
13. 东京大学工学部2号馆改建构成示意图（图片版权：东京大学计划室）

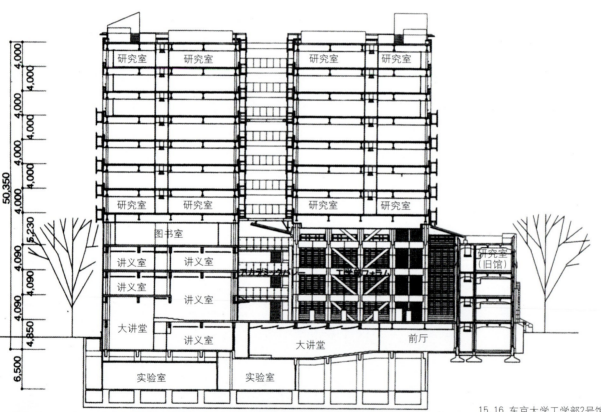
14. 东京大学工学部2号馆改建剖面（图片版权：东京大学计划室）

15.16. 东京大学工学部2号馆改建后室内（摄像：喻凡石）
17. 东京大学工学部2号馆改建后外景（摄像：喻凡石）

五、放眼未来的全新的防灾规划和城市建设

东京都作为防灾城市，已经实施了放眼未来的新规划，特别是各种设施，包括地下铁建设都在向地下深层空间发展，地下水管道等基础设施也逐步地下深层化，各种先进技术都迅速投入到防灾建设之中。

防灾规划首先是改善目前交通堵塞的状况，提高城市的机动力和防灾力，它通过海陆空交通系统的联动，提高城市综合运力之外，将首都高速道路中央环状线、东京外环线、首都圈中央线这三条环状道路整顿成道路网，减少堵塞，缓解CO_2的排放，也为灾害时快速准确实施紧急运输提供保障。在城市基础设施全面实施防震措施的同时，集中提高建筑的抗震措施，将重要建筑100%抗震化。

东京地面河流较多（江户地区20%是水路面积），对于潜在的水害发生地区，如河川和下水道，东京都专门实施了高整备河道措施——超级河堤，将比较低的河段架高（图15）。其同样与不动产开发结合。在东京小台地区，河道整顿的同时，沿岸整备过的河岸也进行着商品房的建设。这样将防灾和开发结合一起，在一定程度上也减少了政府的投入，有效地改善了城市景观。

超级河堤针对地震改善了原有的柔软地盘，防止地震中土质液态化发生，避免河堤建筑毁坏。河堤改造同时，道路也得到整备，用于紧急车辆通行，形成完备的防灾道路。

18.超级河堤

防灾规划和建设对于城市建设至关重要，作为预防的重要阶段也许很多人会认为是不必要的投资，但是迄今为止的灾难已经敲响了一次次的警钟，根据当地的气候、风土、地形等条件，必须尽早完善防灾规划，树立防灾意识，建设规划更加完善的城市发展蓝图。

注释

1.最早的灾害对策基本法是昭和36年11月15日针对给东海地区造成了巨大损害的伊势湾台风灾害而在1959年制定的（1961年）。

2.关东大地震发生在1923年（大正12年）9月1日，当时死者、失踪者达到14万2800人，倒塌的建筑物包括12万8千栋，受灾金额达到了当时国家预算的1年4个月。特别是震后发生在东京和横滨的火灾造成的影响更大。

3.森正志.关于立川广域防灾基地，地域防灾设施，建筑资料研究社.

4.东京的防灾设施.东建月报，2001.9

5.新建筑.2007.5

作者单位：株式会社日本设计

下面的表格简要地归总了迄今为止日本国内相关建筑法规方面针对防灾方面的重要发展。

1919年	制定防震建筑法规	制定市街地建筑物法	日本最早的防灾法规 木造抗震准则（限制建筑高度） 三层建筑的配筋要求
1923年	关东大震灾	死者约为10万人以上	M7.9
1924年	修改关于防震相关法	改正市街地建筑法规	导入防震准则 规定木结构建筑主要柱子需要加粗 规定了钢筋混凝土建筑的抗震要求 主要柱子的配筋要求
1948年	福井地震	都市直下型	M7.1
1950年	制定关于地震建筑准则相关法律	制定建筑准则法	废止市街地建筑法规 关于抗震结构设计中墙壁量的规定 制定了抗震壁的比例和强度规定
1959年	改正地震关于建筑法规	改正建筑准则法	
1964年	新泻中越地震	出现地盘液状化现象	M7.5
1968年	十胜冲地震	钢筋混凝土建筑剪力破坏现象	M7.9
1971年		改正建筑准则法施工法令	改正钢筋混凝土建筑抗剪力的规定 木结构建筑的基础应该采用钢筋混凝土的规定
1978年	宫城县冲地震	玻璃受到严重损害	M7.4
1981年	施行相关防震法规	大幅修改建筑准则法施工法令	导入新防震设计法 改订针对地震力的墙壁技术指标
1992年		制定针对木结构多层的设计规范	在准防火建筑中增加木结构建筑 木结构建筑3层可以作为集合住宅建设
1993年	北海道南西冲地震	海啸灾害	M7.8
1995年	兵库县南部地震	阪神·淡路大地震	M7.2
1995年		改正建筑准则法规	鼓励建筑主要结合部分采用金属合金构件
1995年		建设省住宅设计指针第176号	规定了在建筑结构上的各种安全措施 基础的固定方法 配筋方法，结构主要连接处的连接方法 防蚁措施 轻量钢材厚度规定 冷轧钢管钢强度品质规定等
1995年	关于防震法规的具体制定	关于防震法规的具体制定（防震改进改建促进法）	适用于1981年（昭和56年）以前的建筑（新防震准则以前的建筑）有义务接受防震检测
2000年		建筑准则法改正 建设省告示1352号 建设省告示1460号	特定建筑对于地盘要求的具体规定。 地盘调查的义务化（施行令38条） 结构材料使用位置以及连接接口工法的具体制作程序。 （施行令第47条 告示1460号） 耐力壁的具体设置。 [简单计算、偏心率计算（施行令第46条 告示1352号）]
2001年		国土交通省发表判别已建住宅既存住宅中倒塌危险性时防震级别指针	
2001年		义务标注建筑确保品质性能法。各种具体的抗震设计准则	

日本城市规划与建筑设计领域的防震经验
An Introduction to Earthquake Prevention in City Planning and Architecture Design in Japan

韩孟臻 官菁菁 *Han Mengzhen and Guan Jingjing*

[摘要]本文介绍了地震多发国家日本在城市规划、建筑设计以及国民防灾教育方面的防震经验，以供我国在灾后重建、新建筑标准制定等方面进行借鉴。

[关键词]日本防震经验、城市规划、建筑设计

Abstract: *This paper introduced the earthquake prevention countermeasures in city planning, architecture design, and education for disaster prevention in Japan. That experience might be referred to in the reconstruction work in SiChuan, and the revision of design standard in China.*

Keywords: *Earthquake Prevention in Japan, City Planning, Architecture Design*

中国汶川地震与日本阪神地震的比较 表1

	中国汶川地震	日本阪神地震
震级	里氏8.1级	里氏7.3级
烈度	11度	7度
震动特征	垂直、水平均有振幅	垂直、水平均有振幅
发生时间	2008年5月12日14时28分（北京时间）	1995年1月17日5点45分（日本时间）
遇难人数	69197人	6433人
受伤人数	374141人	27000人
倒塌房屋	546.19万幢	10.8万幢
损坏房屋	593.25万幢	14.4万幢
地域特点	人口分散的山区	人口密集的都市
需安置人数	1514万	32万人
直接经济损失	200亿美元	1000亿美元

汶川地震是建国以来发生的破坏性最强、波及范围最广的地震。在举国上下万众一心共同救灾的同时，专家学者纷纷指出我国需在城市规划和建筑设计方面加强防震研究。日本近70年来最强烈的地震——阪神地震（表1）同样给其国内带来巨大冲击，直接引发了其对地震科学、都市建筑、城市规划、交通防范等的高度重视。本文从城市规划、建筑设计及防灾教育三方面对地震多发国日本的防震经验加以介绍，以期为我国今后的研究提供参考借鉴。

一、城市规划方面

在城市规划的防震措施中较有日本特色的是重视避难场所的设置和避难路线的设计。避难场所分为广域避难所、地域避难所和社区避难所三个级别（图1），形成覆盖城区的网络系统。地域避难所和社区避难所通常由公园、绿地（图2）、河川沿岸及所有的公立中小学校组成，即便在寸土寸金的黄金商业地带也必须设置。为保证灾害发生时避难工作的质量，当地政府安排专人管理运营这些场所。场

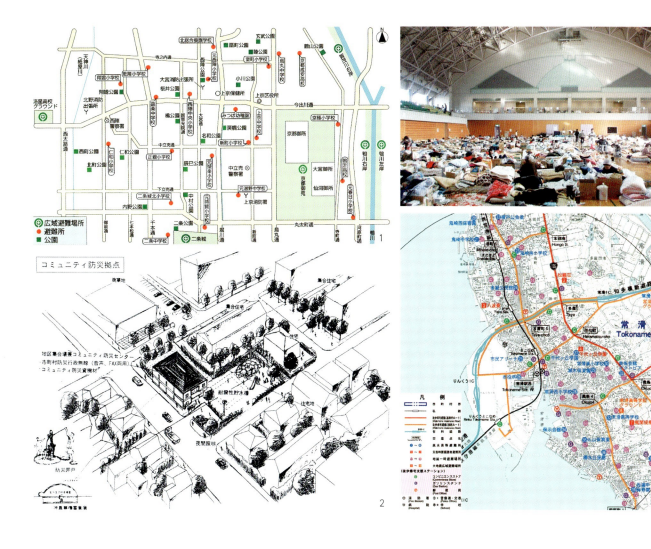

1. 京都市上京区避难所地图（图片来源：http://www.city.kyoto.lg.jp/kamigyo/cmsfiles/contents/0000012/12717/08map_print.jpg）
2. 利用街头绿地、儿童游戏场作为社区避难所（图片来源：防災まちづくりの新設計，p40）
3. 小学校体育馆作为震后避难所（图片来源：http://kakegawa-shiroari.up.seesaa.net/image/sdf.JPG）
4. 日本常滑市徒步归宅路线支援地图（局部）（图片来源：http://www.city.tokoname.aichi.jp/ctg/Files/1/10700060/attach/kitaku1.jpg）

地内设有专门仓库，常备避难用物资，还配备有足够的消防、生活用水与卫生间等设施。在避难场所周围街区设有多国语言的标志牌，并留有政府部门的应急联系电话。

城市规划中对于避难场所的设置要求如下：

1. 要提供足够的生活空间，基本要求为人均$2m^2$以上。
2. 要设定在没有滑坡、河川泛滥、海啸等危险的地域，也要避开危险建筑以及高压线地区。
3. 作为避难所使用的建筑要优先选用耐震、耐火的建筑。此外，也要考虑到地震时无法使用的可能性，应选择周围有空地的建筑。
4. 考虑到避难群众要在此生活数周以上，避难所要选择物资搬运、集合、做饭、住宿等方面便利的建筑物。

值得一提的是日本的公立中小学校，几乎每个都配有体育馆等设施，是灾害发生时的主要避难场所（图3）。学校周围设有围墙等隔离带，在一定程度上能阻隔火灾的蔓延。例如在阪神地震中，某些公立中小学在最长达7个月的时间里为地震灾民提供了安身之地。

由于日本地震常伴有海啸灾害，因此许多城市的规划设计还必须考虑海啸发生时如何将市民疏散至安全地点。城市规划的相关法律中规定在距离避难所距离超过3km时，必须规划出明确的撤退路线，并且将本地区的避难路线图发放至每家每户（图4）。

日本的大学等研究机构针对疏散路线的设计开展了深入系统的基础研究，如藤冈正树等发表的研究中应用了基于"多代理系统"方法的计算机模拟，探索更加有效的城市疏散路线。可以预见这些研究成果的应用，将会在灾害发生时拯救更多人的生命。研究人员也利用更加直观的计算机虚拟现实技术，预测地震及海啸发生后各种灾情的发展，并提出正确的避难建议。这些研究成果通过电视媒体向广大民众普及。

二、建筑设计方面

阪神地震中2/3的遇难者死于房屋倒塌和木制房屋连锁性火灾导致的窒息，这暴露出当时住宅抗震性能差，城市道路狭窄等问题。之后日本4次修改了其《建筑基准法》，不断提高新建建筑的防震要求。而对于已建成的大量住宅，日本政府提供了免费的房屋耐震检测，并对不达标的房屋提供部分加固费用。这些措施在其后的地震考验中显现出功效。

1. 独栋住宅

由于土地私有，日本城市中的独栋住宅比例很高，常见的结构型式是采用轻钢或木材作为主要承重框架，带

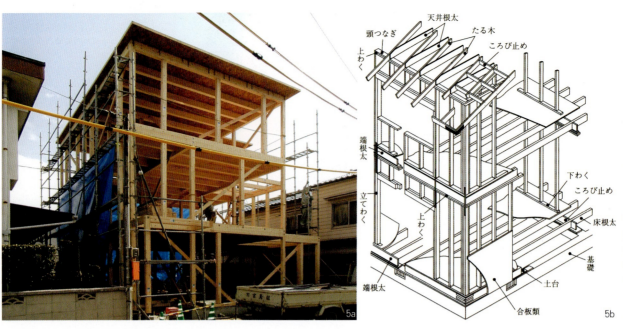

5a、5b. 日本木结构独栋住宅（图片来源：http://www.plus-n.info/jirei/home/images/tatekata.jpg及http://image.blog.livedoor.jp/yk_kentiku/imgs/4/3/4303a327.jpg）
6. 阪神·淡路大地震人与未来防灾中心（图片来源：笔者摄影）

防潮保温涂料的木板作为围护墙体（图5）。木结构在地震多发区有存在的合理性：结构自重轻、柔韧性好，可迅速吸收和消散地震产生的能量；但在抵御火灾方面比较薄弱。传统的日本"木造轴框架法"是在屋基上用石条做柱子，上置木框架，顶铺瓦屋面。使用该方法建造的房屋在震时倒塌较多，瓦屋顶的塌落更对住户造成很大的伤害。自20世纪70年代始日本从国外引进了"木造框架组合墙壁构造法"，承重框架被直接螺固在基础之上，改善了结构的抗震性能。该方法建造的住宅经受住了地震的考验，因而为日本《建筑基准法》所支持。轻钢材料具有延展性、柔韧性好的特点，能化解部分地震发生时的能量，在一定的横向晃动范围内不会产生混凝土或砌体结构那样的脆性破坏，无沉重块体坠落，为逃生和救助提供更多机会。另外，针对老式木造住宅及旧住宅一些抗震新技术也被开发和应用，如利用在建筑物与基础之间加入辊轴、滚珠之类的滑动体来提高房屋的抗震性能。

2. 集合住宅

日本的集合住宅楼在流线组织上多采用外廊式，虽然在采光通风等方面不及单元式住宅，但在安全疏散方面具有优势。公寓楼房一般设有两条以上的逃生通道，方便灾难发生时大量居民的撤离。结构型式多采用框架结构，室内较少承重墙，通常以轻质隔墙和推拉门分割空间，便于地震时逃离。另外值得一提的是，通常各居住单元的阳台之间使用轻质易破坏的材料分隔，以备意外发生时能够互相连通，形成另一条疏散通路。近年来在部分集合住宅的建设中还应用了滚轴、橡胶等先进的抗震、免震结构技术，使建筑的安全性得到进一步的提高。

3. 中小学校

在总结历次地震灾害教训的基础上，日本为中小学校的建设制定了最严苛的防震标准。由于中小学校在城市中数量众多且分布均匀，在震中及灾后成为主要的避难场所，在普通民众中已形成"学校就是避难所"的观念。阪神地震时神户市共有中小学、幼儿园等345所，其中受灾195所，但未发生一起建筑物整体倒毁事件，而有顶棚塌下或墙壁开裂等损坏的教室也仅占了教室总数的6%。可见，当时的学校建筑已具备了相当过硬的防震性能。此后，根据修改后的《建筑基准法》，学校建筑又在各方面的监督下进行了加固改造。据《朝日新闻》报道，"东京都大田地区的区立中小学校和幼儿园在2000年达到了耐震率100%，5年之间用于耐震建筑的经费高达123亿日元。"

4. 高层建筑

按照日本《建筑基准法》规定，高层建筑必须能够抵御7度以上的强烈地震。除木造建筑外商业建筑必须达到8度震度时不倒塌的水平，设计使用期限要求超过100年。建筑工程要获得开工许可，须提交由一级注册建筑师编写的建筑抗震报告书，报告书中的相关计算必须基于由日本国土交通省认可的专用程序。建筑抗震报告书须经相关部门审批，确认无误后才能开工建设。

5. 质量监管

严格的建设质量监管体系是将高标准的建筑法规落实到实际的保障，日本建设过程中的偷工减料现象一旦被揭露必被严厉惩治。如在2005年的"姐齿秀次事件"中，编造几十栋公寓楼抗震数据的建筑师被判处5年监禁。事件曝光后，日本政府紧急实施建筑抗震复查，导致连续几个月没有新建筑获准开工，几乎影响到整个国家的经济发展。笔者认为在我国迫切需要推行更加严格有效的建设质量监管体制，避免"豆腐渣"工程给人民的生命财产安全造成更多伤害。

三、国民防灾教育方面

除了城市、建筑等硬件方面的防震措施，日本还建立了从中央到地方覆盖全国的抗震防灾教育体系。每年的9月1日被设为抗灾日，8月30日至9月5日被设为抗灾周。在抗灾周或各地区自己安排的训练日，从幼儿园、小学至单位、社区的所有居民都须参加演习。甚至针对较长期生活在日本的外国留学生，入学时首先被组织参加的集体活动也是防灾训练。

防灾训练由各地政府组织，内容可谓事无巨细。比如灾害发生时家中应急处理的先后顺序；住户按照政府发放的避难路线图撤退至避难场所；帮助社区内指定的邻居老人撤退；在校学生从教室撤退到室外；以及上班族从工作单位撤离回家等。家庭和单位大多还常备防灾应急包[1]，放置在易取拿的玄关或可躲避的桌子下。日常的防灾训练可有效减少地震发生时由于惊慌失措而产生的混乱，做到及时自救，降低人员伤亡。

此外，日本各大城市都设有免费开放的防灾中心(图6)。其中的模拟地震室可体验从一级至八级地震的震感；4D影音室能虚拟户外地震时的状况；电子模拟火灾现场用于训练从充满烟雾的走廊中逃生的技能等。在专业培训员的指导下，参观者通过亲身体验对地震来袭时的正确应对方法产生了直观的认识。

据预测在不久的将来日本东南海会发生伴有海啸的巨大地震，为将灾难降至最低，日本政府和民间的防震工作都在紧锣密鼓地开展着。我国应吸取汶川大地震的教训，借鉴别国成熟经验，为未来的地震灾害做好防备。一方面必须提高城市规划和建筑设计领域的防震标准，完善相关法规，并严格监督执行。另一方面也必须在全社会范围普及防灾教育，使民众具备基本的防灾抗灾常识和一定的危机意识。这些都将成为我国经济和社会和谐发展的保障。

参考文献
[1]冈山防灾导航．避难及避难所的设置、运营计划．http://kikikanri.pref.okayama.jp/gcon/pdf/shinsai2_2_5.pdf
[2]藤冈正树、石桥健一、梶秀树、塚越功．Multi-Agent Simulation Model for Evaluating Evacuation Management System Against Tsunami Disaster．日本建筑学会计划系论文集 第562号，2002.12．231~236
[3]孙秀萍、秦蔚、罗奇峰．大地震后建设更坚固的城市．环球地理周刊．环球网．http://sh.huanqiu.com/dili/2008-05/46350.html
[4]日本的防灾意识．http://icy-rainy-day.blog.sohu.com/91684053.html
[5]市町村アカデミー．防災まちづくりの新設計．ぎょうせい株式会社，1997
[6]东京都震灾予防条例．http://www.linkclub.or.jp/~erisa-25/bosai-yobojorei.html
[7]地震と建築基準法．www2s.biglobe.ne.jp/~hirao/zskek.htm - 21k
[8]避難路・避難場所の整備．大阪市危机管理室．http://www.city.osaka.jp/kikikanrishitsu/bousai/torikumi/pdf/chiiki/shinsai/02_02.pdf
[9]避難所の運営．崎玉县危机管理网．http://www.pref.saitama.lg.jp/A05/BB00/kikikanri/kyouzai/kyouzai10.pdf

注释
1．通常防灾应急包内装有无线电收音机、手电筒、哨子、饮用水、压缩饼干等高热量食物、应急用药品和绷带、带橡胶指垫的棉手套、手机充电电池、甚至雨衣和毯子等。

作者单位：韩孟臻，清华大学建筑学院
官菁菁，清华大学美术学院

日本超高层住宅设计手法
——环境空间和防灾抗震技术的结合

Super high-rise housing design in Japan
Integration of environmental space and earthquake resistance technologies

叶晓健 Ye Xiaojian

[摘要] 本文以日本超高层住宅设计为切入点，结合实例阐述其独到的防灾抗震与协调环境的经验，以供借鉴。

[关键词] 日本、超高层住宅、防灾抗震、环境空间

Abstract: *Starting with the design of super high-rise housing in Japan, the article depicts its experiences in earthquake resistance and environmental design.*

Keywords: *Japan, super high-rise housing, earthquake resistance, environmental space*

日本是一个地震多发国家，到20世纪50年代中期，日本建筑的高度仍规定不能超过100尺（31m），1961年针对当时的建筑基本法进行了修改，采用了容积率制度，并且于1968年出现了日本第一座超高层建筑——霞关大厦[1]（高156m），在历史上改变了这个格局，促进了超高层建筑的发展。

随后的超高层建筑不仅仅是追求高度，而且在融入了各种结构先进技术的前提下，积极发展内部设备及设施，包括针对中庭空间的防灾技术、排烟技术、内部通风等方面。其中在住宅方面，如何在有限的空间内实现居住的乐趣和使用面积最大化，改善周边环境提高居住水准等，都有很多独到的经验。

东京是日本城市的代表，建筑密度比较高，但其土地利用率实际上是比较低的，市区23区的平均容积率只有1.36，不及美国曼哈顿住宅区集中区的6.31（东京中心区域[2]的面积大约和纽约曼哈顿相当，容积率达到2.36，其中千代田区达到5.64，最高的赤坂一丁目地区达到了7.34）。近十年来，社会对于住宅的要求越来越高，对于超高层的追求也日益增加，超高层给人们带来了不同传统生活方式的优越感，特别是视野、安全性得到了重视，同时从城市开发的角度而言，也增加了土地的利用率。

在1995年阪神大地震后，日本对建筑安全性的要求大幅提高。对于住宅中抗震、防振的要求受到重视，在随后的高层住宅中导入抗震[3]和防振技术都十分普及了，而且是必须采用的技术。另外在住宅中，预防家具震倒所造成的二次灾害等也得到了共识。在其他基本生活设施供给方面，如灾害发生时，应急水源和供电等的防灾规划都是必须的。

超高层建筑在日本出现得比较晚，一方面是由于地震相关法规出台较晚，另外通过实际调查发现，在日本之所以人们对于传统的独栋住宅独有情钟，除了对于环境的追求外，还因为超高层在其他方面造成了人们的不安，64%的人感到灾害时的不安全，58%认为封闭的环境对于孩子成长不利。但随着社会发展，越来越多的人开始倾向于高

1. 日暮里站前广场平面图
2. 日暮里站前广场实景
3. 日暮里站前广场剖面图

层住宅,主要还是由于防灾安全系数的提高,整体共有设施的加强,内部空间的合理化。目前东京360余万户居民中,生活在集合住宅中的比例已经增加到67%以上,这个比例还在随着逐年集合住宅建设的增加而逐步提高。

作为超高层住宅需要解决抗震和防灾方面的诸多问题更加具体和接近人们的实际生活。本文结合笔者的实际设计经验,对这方面的相关技术作简单地分析,希望引起大家的共鸣。

一、日暮里花园广场 STATION GARDEN TOWER

日暮里花园广场位于东京北部的日暮里地区,紧邻山手线的日暮里车站。这里是传统的生活居住区,没有一栋超过60m的高楼。由于原有的居民住房老朽,由东京两家不动产公司联合对这一片老区进行改造,日暮里站前广场项目一共包括三栋塔楼,而且结合2008年3月开业的新交通－舍人日暮里线,还建设了多层的站前平台广场(图1)。三座塔楼,分别是西楼－商务办公楼,中央楼－车站花园大厦和北楼－车站广场大厦(依次建成)。它们的出现彻底改变了日暮里陈旧的面貌和原有的天际线,原有旧区域的店铺都搬到了新楼中,由于采用了开发理事会的方式,原有店铺业主的意见都得到了很好的满足。使得原有风貌得以持续。特别是三栋大楼,采用了"上野地区夕阳西下的色彩",各不相同,与不同区域形成呼应,低层的色彩使用茶色,呼应"土"的概念,与起伏叠落的平台吻合,既不突出又彼此和谐(图2)。

西栋是出租办公楼,中央栋和北栋基本构成相同,下面是商业,中间是办公楼,上面是住宅楼。由于这里是老区,可以使用的土地非常局限,而新增加了巨大的建筑面积,就必须解决停车问题。中央栋和北栋采用了地上中庭停车楼方式,就是将停车楼入口设置在地下(包括商业货运),在办公楼、商业内部形成中空的中庭,里面设置巨大的停车楼,解决办公用车和住户用车问题,而不是完全向地下发展。同时利用周边地下空间,为荒川区设置了区用公共自行车停车场。解决住户停车问题一直是超高层住宅楼开发的重要课题,这样的立体停车楼实际造价相当高,也是在城市中心区用地范围狭小、容积率相对较高的情况下采取的非常规手法。能够提供足够的车位也是城市中心区超高层住宅开发必须面对的现实问题。

在设计中设计师特别注重了防震设计。由于建筑标准层面积大,而且内部是中空的中庭架落在8层的设备层上面,保持稳定的结构十分重要(图3)。中庭实际上是巨大的通风井,采用了内走廊的形式。核心筒无法放在中央,而必须放在周边,强化内部中庭的结构稳定性对于抗震十分重要。内走廊一侧分布了各家住户的排烟管井等,所以自然是封闭的，这也形成了酒店式公寓的内部空间。所有的公共走廊采用了地毯，同时在每层设置了垃圾投放室，而无需大家到集中垃圾投放点投放，由管理公司雇用的专职卫生管理员负责回收。日本垃圾分类非常严格，包括可燃垃圾、不可燃垃圾、资源垃圾。对于资源垃圾分类也非常详细，至少包括塑料瓶、玻璃、易拉罐、新闻报纸、纸箱子等。

住宅标准层的平面上为了突出大进深的特点，采用了11.8m的跨度，主体结构采用了外结构柱的方式，将结构柱放到外围，这样第一可以减少柱子对于住宅内部空间的影响，第二可以增加住宅的有效面积，另外对于外立面也会起到比较好的效果。住宅内部的中庭实际是起到了主要的抗震作用，由于塔楼整体较高，内部空间相对抗剪力较弱，所以在每边增加了黏性高的防震墙壁板，它可以减缓震波对于建筑主要结构的影响。在防震墙壁板的边上，还安置了屈服点比柱子低的钢板用来对付地震力，由于它比主体结构的屈服点低，所以会先行屈服，保护主体结构。这样从两个方面同时对主体结构实行了双向保护，形成了高效抗震结构系统。这套系统，也广泛地使用在其他超高层塔楼的设计之中(图4)。

建筑的主体是钢筋混凝土结构，底层部分采用了C60的混凝土，上部采用了C50的混凝土。除了主体的超级抗震结构外，采用了预应力梁，将高度控制在600mm之内，使得室内空间极大地提高。在外侧，还局部采用了4m的外挑结构，形成了开放的室内空间。在层高3250mm的情况下，主要起居室的净高达到了2400mm，这些内部的局部设计都巧妙地结合了顶棚内部24小时自然通风系统和地热板系统。整体住宅的自动化程度和通风系统都是比较全面的。

作为再开发项目，每个地区的土地所有者各不相同，各自的固有理念也不一样，整个项目组针对不同地区成立不同的设计小组和项目监理小组，彼此横向联合的同时，及时反馈业主需求和政府的要求，使得该项目得以最终顺利完成。

笔者在日暮里现场的半年多的时间中，对于业主理事会、开发商、设计方以及施工单位之间频繁的意见交换，深有体会。不仅设计方会出席每周在现场办公室的业主理事会会议，讨论开发方针；开发商也会经常造访设计公司，提出开发思路，共同修改方案，整体会议的密度也非常高。在这期间，包括防灾、安全性等各个方面，客户的要求、开发商的理念与施工单位对于概算投资的把握，通过设计方的技术经验总结融合，达到平衡和走向现实，具有重要的意义。不同土地所有者对于自己今后在再开发楼盘中所得到的分配商品房，楼层选择都具有话语权，甚至对于今后招商内容都有明确的意见。有一位一直经营了几十年酒馆的业主曾经要求日后入伙底商的店铺中不能有超市，即使有也不能卖酒，否则就会严重影响他的生意。这些看似无理的要求，都会通过不动产公司和设计公司一一去体现，从某种程度上延续了原有的地域特色。而期间，设计公司除了设计团队之外，还专门有再开发部的策划建筑师协助理事会进行开发调整。

不动产公司会根据市场需要迅速调整户型平面及平均住户面积(平均住户面积指占主要户型比例的面积，在日本的商品房中的面积都是使用面积，没有国内公摊的概念)，建筑师会迅速反应到平面中，即开发商出原则，设计方实施。虽然开发设计时间较长，但是能够最快反应市场和用户的要求，具有最大经济效益化。另一方面，其造成了户型非常复杂。由于结构自由化，几乎每层都没有完全一样的户型，各个楼层之间也会有区别。这样可以为市场提供类型、价格都非常丰富的户型[4](图5)。

4.日暮里站前广场平面图
5.日暮里车站广场，通过不同层高的平台联通各个塔楼的主要居住入口的大堂，同时保障人车分离，形成阶梯式花园的户外环境，也是这个项目的一大特点。

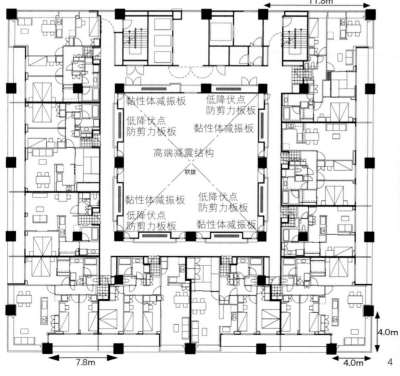

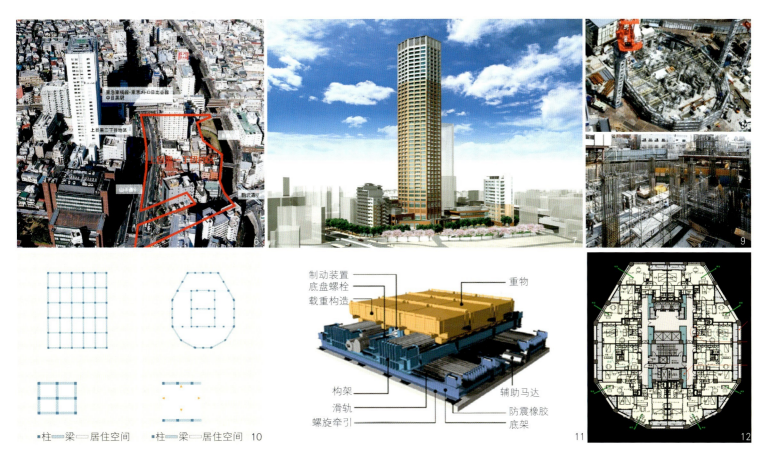

6.地景大厦及周边环境
7.地景大厦表现图
8.9.地景大厦现场施工实景（图片来源：旭化成住宅开发部现场报告相关网站）
10.传统超高层建筑结构形式（左图）与地景大厦结构形式（右图）的对比
11.地景大厦塔楼顶部减震装置示意图（图片提供：三菱重工业株式会社）
12.地景大厦标准层平面

二、上目黑一丁目再开发项目——地景大厦 NAKA-MEGURO ATLAS TAWER

上目黑一丁目位于东京都市中心部东急东横线和东京日比谷线的中目黑站前，距离涩谷非常近，周围是密集的私人住宅和小型办公楼（图6）。开发计划始于1988年，结合中目黑车站进行老街区综合改造，其中包括重建老朽的区立住宅，整体工程要到2009年完工。这样一块1.4hm²的土地，土地所有者（权利人）多达300人，像这样规模的再开发工程一般都需要持续近十年的时间。这十年的时间内建筑师要不断地根据开发理事会和政府的要求，严格按照预算进行建筑设计修正，不断深入设计，可谓十年磨一剑（图7～9）。

上目黑地景大厦共66000m²，地上45层，地下2层，包括住户、低层商业、托儿所和其他社区公共设施。和一般的超高层建筑不同，中目黑地景大厦采用的是双层结构柱结构形式，将梁和柱子集中布置在塔楼外周和内部的核心筒周围，采用大跨度楼板和梁，取消内部的柱子，实现大跨度的室内空间，提高住宅的灵活度（图10）。

作为抗震措施的另外一个重要举措，在塔楼顶部对称位置设置了两组主动减震装置（Mass Damper），它包括支架部分、防振橡胶、轨道、制动装置和重物，重物可以加强减震效果。当地震发生中，在减震装置中设置的马达，会自动根据振动来驱动装置，吸收地震力。同样对于台风等风力造成的塔楼振动，减震装置同样可以起到减缓塔楼抖动的作用（图11）。

为了增加塔楼的强度，在主体建筑中采用了强度达到685N/mm²的高强度钢筋，柱子和梁的强度达到了390～490N/mm²，在一部分柱子中也使用了强度达到685N/mm2的钢筋，同高强度混凝土配合增加抗震强度。

通过平面图可以看到（图12），由于各种先进结构设计理念的支持，住户平面得到开放式的布置，特别是把角住户，由于采用外挑悬梁结构，完全对外开放。住户的各种管井靠近内侧共用走廊布置，易于今后的更新改建工程进行。同时入口空间以及表盘等记录仪表都系统化，两者共同设计，达到和谐。

住户平面突出了开放性的特色，将塔楼的独到性表现出来。各种管井空间集中在外侧，便于今后的大规模修缮。日本的集合住宅一般每10年要进行大规模的修缮，包括外墙、主要扶手、楼梯等设施，是一笔非常大的费用，一般由住户每个月提交修缮基金，供将来修缮使用（因为是私人购买住宅，所以无法由政府进行修缮工作）。所以各个住户的产权范围都需要十分明确，管线的走向方式等，都必须严格限制在各户的产权范围之内，这些都为设备和建筑之间的配合提出了很高的要求。

由于超高层住宅规模大，所以内部设备一般都会采用最新的生活家居设施：比如光控的厕所开关：人们进入卫生间，会自动开灯，人离开后会自动关灯；自动化程度很高的洗浴设备：自动控制水温和水量，而且会提醒蓄水完成等；在厨房中引入的垃圾处理装置：垃圾直接投入厨

13. 大川端河岸广场21实景

房下水道，经过特殊粉碎处理后进入集中处理室，经过特殊处理后排入下水道，这需要整栋大楼统一安置，统一运营。这些投资对于独栋住宅都是比较大的，所以超高层集合住宅的魅力也体现出来。

当然，作为集合住宅，开发商还提供了很多额外的管家服务，这些都是需要所有住户通过每个月的管理费用来支付。但是正是这些管家服务，为繁忙工作的人们带来了很多方便，这些都是独栋住宅很难得到的服务。在整体设计中，公共设施也是开发商和用户非常关注的地方，其规模、在整体面积中的相当比例等都经过了平衡计算。这些实际上由住户们管理费支持的"额外"服务也是各家开发商之间比拼的软件内容。

三、大川端河岸广场21—Okawabata River City 21

大川端河岸广场21是在改造本川和派川河流的交接处的16hm²工业用地的再开发事业，其中最大的一片闲置用地是原来的石川岛播磨重工业遗留用地。项目自1971年启动，到2000年完成，历程近30年，包括了一代人的努力。随着隅田川在东京城市的动脉地位的下降，其承担水运和水利两个方面的责任也逐步退出了人们的视线，河岸周围环境趋于恶化，周边区域趋于荒废。由区政府、开发商、设计方、土地所有方共同组成了项目组，开始了漫长的开发重建过程(图13)。

整个项目包括整备道路，河川堤防，公园、学校等公益设施，以及修建的包括近4000户住宅在内的大型集合住宅群。建筑群包括16座塔楼，分为北区、西区和东区，外观保持统一，层高由37层到54层逐渐变化，与隅田川的景观相互协调。同时在区域内增设桥梁、设置新的超级堤防，通过超建筑的手法推动开发前进，促进了区域的繁荣和发展(图14)。

作为区域开发方针，包括从区域连接城市中心部和东京临海区域，形成具有现代氛围同时弘扬传统特色的复合型街区，对于河岸地区整顿提供给市民高品质的亲水空间，所以除了住宅采用了常规的防振措施之外，隅田川水边环境设计以及超级河堤成为这个项目的防灾特色。1959年东京曾经受到了伊势湾台风(Vera台风)的袭击，死亡5098人，受伤39000人之多，在此之后采用一定高度的堤防逐步成为城市规划防灾的重要部分。

该项目采用的是缓坡型堤防的构想。将水边分为三个空间，向隅田川一侧大量回填土，整顿岸边环境。超级堤坝的宽度约为高度的30倍，如果高10m的堤防，宽度将达到300m。所以即使碰到了超过预想的洪水发生的时候，洪水超过了堤防，也会顺着缓坡慢慢流回，减少堤防和城市地区受到的影响。即使洪水持续时间较长，由于堤坝相当缓长，所以也不会出现崩溃的现象。在其他灾害发生的时候，超级堤坝

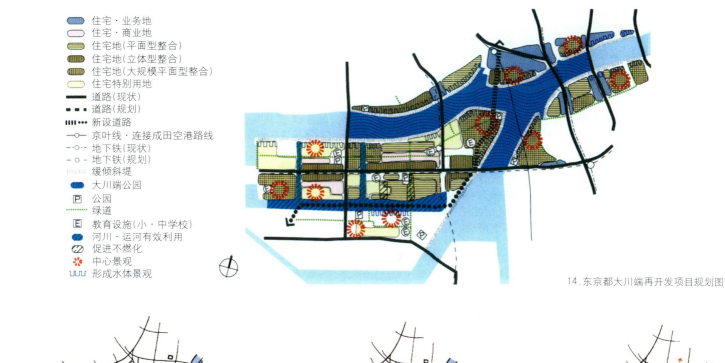

图例	
	住宅·业务地
	住宅·商业地
	住宅地(平面型整合)
	住宅地(立体型整合)
	住宅地(大规模平面型整合)
	住宅特别用地
	道路(现状)
	道路(规划)
	新设道路
	京叶线·连接成田空港路线
	地下铁(现状)
	地下铁(规划)
	缓倾斜堤
	大川端公园
P	公园
	绿道
E	教育设施(小·中学校)
	河川·运河有效利用
	促进不燃化
	中心景观
	形成水体景观

14. 东京都大川端再开发项目规划图

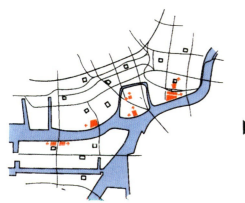
开始进行大规模设施与周边地区的开发

向南北方向扩大再开发设施，将对岸与远离河岸地区连接

大川端河岸开发计划不仅结合教育设施再开发与周边的再开发相互呼应

15. 东京都大川端河岸开发项目规划图

还被设计成集中避难的场所，所以起到了城市核心避难空间的作用。像这样的超级堤坝，将沿着荒川沿岸修建58km，目前仍旧在逐步的施工完善之中。

坐落在超级堤坝上的大川端河岸广场21被称为东京最美丽的超高层住宅之一，谁也无法想到这个项目经历了近30年的风雨才完成，更无法想到当初这里是一片荒芜的工业废墟用地(图15)。人们漫步在缓缓展开的河岸亲水公园，体验平和的都市生活。不同铺地和绿化的广场点缀着水边的空间，这些不仅仅为住户提供了优美的环境，也为城市带来了不可多得的休闲场所。而这些都结合了超级堤坝计划，在灾害发生时，将为城市提供有力的保障。

上面三幢建筑都是笔者所在单位日本设计的作品，从日本的第一座超高层建筑开始，到进入超高层住宅的设计领域，作为综合设计公司突出的是综合技术能力，而且是其能够有人力、物力、财力支持长达十余年的开发周期，为业主、户主、政府提供持续的服务。而一套符合开发商利益、满足业主要求、实现设计师理念的方案，不会是一两天出来的，就像上面的三个例子，经历了多年的磨合，虽然不一定是最完美的成果，但一定是最现实的答案。

面对未来东京的发展，延长建筑使用寿命，增加抗震防灾技术的普及，追求多元化城市发展，都是建筑师们面临的挑战。

*图片版权：除标注外均为笔者及日本设计提供

注释

1. 霞关大厦是日本设计设计的本国第一座超高层建筑，1968年竣工，地上36层，地下3层，建筑面积16320m²，高度为156m，以此设计为契机，促成了日本著名的建筑事务所日本设计的成立。

2. 东京中心区域指的是23区内位于山手线轻轨电车内部的港区、新宿区、中央区、千代田区，总的区域面积是6036hm²，曼哈顿的面积是6139hm²。

3. 抗震技术和免震技术还是不一样的。免震技术主要指博物馆、研究所等重要公共建筑、科研机构，建筑完全与结构支持的基础脱离，通过橡胶基座等吸收地震力，使建筑免受地震影响。

4. 叶晓健. 论日本集合住宅设计发展. 住区, 2006.3. 32~41

作者单位：株式会社日本设计

1995年日本阪神地震后的建筑结构抗震设计
Seismic building structure design after 1995 Kobe earthquake

潘　鹏　叶列平　钱稼茹　赵作周　Pan Peng, Ye Lieping, Qian Jiaru and Zhao Zuozhou

[摘要] 1995年日本兵库县南部地区（神户）发生的阪神地震造成了巨大的经济损失与人员伤亡。今年中国四川省发生的汶川大地震也是1949年新中国建国以来最严重的灾难。神户地震中得到的教训显著地加速了日本的抗震研究，推动了其抗震建筑结构规范的修订和完善工作并取得了实质性进展。通过地震，结构破坏的肌理被充分认识，这使新技术在结构中的应用有了明显的增长。本文对神户地震后日本所采用的建筑结构抗震设计方法进展进行了总结。内容包括日本抗震规范、钢筋混凝土、钢结构、钢－混凝土组合结构以及新型隔震结构与被动控制系统。作者相信中国的建筑抗震规范与建筑抗震设计也将会从汶川地震中汲取教训从而取得重要进展。

[关键词] 神户地震、汶川地震、建筑结构、抗震设计、进展

Abstract: 1995 Kobe earthquake led huge economic loss and large number of casualties. The Wenchuan earthquake was the most destructive disaster in China since 1949. Lessons learned from the Kobe earthquake have considerably accelerated Japanese research and motivated substantial advances in Japanese seismic design and construction practices. The mechanism of structural damage when subjected to large earthquake has been better understood in the earthquake, leading to a significant increase in the applications of new technologies to full-scale structures. This paper presents summary of post-Kobe design and construction practices adopted in Japan. Described issues include the revision of the Japanese seismic design code, reinforced concrete structures, steel structures, steel-encased reinforced concrete structures, and innovative applications of seismic isolation and passive control systems. The authors believe the recent Wenchuan earthquake will also expedite the progress of Chinese seismic design and seismic codes.

Keywords: Kobe earthquake, Wenchuan Earthquake, Building structure, Seismic design, Progress

一、简介

1995年1月17日，日本兵库县南部地区（神户）发生日本现代史上最严重的地震即阪神地震，造成了巨大的经济损失与人员伤亡（图1）。地震造成6000多人死亡，26000多人受伤，100000多间建筑物损坏不能修复，300000多人无家可归，估计经济损失超过十万亿日圆。神户接近一条连续的断层，该地区记录到了巨大的地面震动，尤其

1.1995年日本神户大地震中倒塌的房屋
2.汶川地震映秀镇漩口中学倒塌的教学楼

是在震度(日本使用的地震强度指标)为7度的地区。神户是一座老城，其城市化可以追溯到50年前。这座城市有大量30年以上的工程建筑物，这些建筑采用无延性材料建造而成，因此易受地震的侵袭。由于较低的抗震水准与强烈的地面运动，许多老建筑物濒临倒塌或是完全倒塌，新建筑亦未能免除破坏。这种破坏可以理解，因为日本现代抗震规范允许建筑在大震下发生局部破坏；此外，部分地区的地面震动显著超过了抗震规范的考虑范围。日本建筑协会（AIJ）对阪神地震中建筑物的破坏进行了一个全面的回顾，出版了一个有13卷、超过6000页的系列报告[1]。

2008年5月12日，中国四川省汶川发生里氏8.0级大地震，震中位置在东经103.4度，北纬31.0度，具体在汶川县映秀镇西偏南38°方向11km处。汶川大地震最大影响烈度达到11度(中国使用的地震强度指标)，破坏特别严重的地区超过10万km²，直接受灾人口达到1000多万，房屋倒塌300多万间，损坏1500多万间（图2）。汶川大地震是1949年新中国成立以来最严重的灾难之一。道路、桥梁、隧涵、城镇、学校、房屋、通信等基础设施损毁严重，估计直接经济损失最高可达1500亿元人民币。地震后政府管理部门、科研单位、设计单位和施工单位迅速组织了抗震防灾专家组进行了震后调查。2008年8月28至29日，"汶川地震建筑震害分析与重建研讨会"将在北京举行，会议由中国工程院土木、水利与建筑工程学部，国家自然科学基金委员会工程与材料科学部，中国土木工程学会和中国建筑学会主办，由清华大学和中国建筑科学研究院承办。会议将初步总结汶川地震中的建筑结构震害，为地震灾区重建的建筑结构抗震设计、抗震鉴定和抗震加固提供参考，并对我国建筑抗震技术标准的修订提出建议。

阪神地震后，日本从地震中汲取教训，在建筑抗震规范与建筑抗震设计上都取得了新的进展。本文旨在介绍日本建筑结构设计标准的体系及其震后对规范的主要修订内容，希望能够对中国的建筑抗震规范与建筑抗震设计有一定的借鉴意义。

二、日本建筑结构设计标准体系

日本强制执行的建筑结构设计标准包括下面几种类型：建筑法、建筑令、建筑规准、官方备忘录。此外，还有大批与建筑结构设计和施工相关的标准和指南。《建筑基准法》（BSL）是建筑结构设计和施工相关的最基本的法律[2]。在规范中明确规定了设计荷载、荷载组合、能采用的建筑材料和每种材料的容许应力，以及结构单元设计的基本过程。从事建筑结构设计的人员必须具备注册结构工程师资质。

日本建筑结构的设计、施工必须通过质量审查，其包括：设计审查、中期检查和最终验收。设计审查在施工开始之前，中期检查在施工开始之后竣工之前，最终验收在竣工之后建筑投入使用之前。所有高度超过60m的建筑以及所有使用非标准建筑材料及构件的建筑，比如基础隔震建筑物，都要通过一个称为日本建筑中心(BCJ)的政府权力机关组织的设计审查小组批准认可。针对每一个工程，BCJ派出两名审查员对其进行审查。大多数审查员来自学术界，以避免利益冲突，大多数情况下每一个工程审查约持续1到2个月。设计审查中，如果设计者与审查员对设计的充分性达成一致，则不必要履行BSL规定的各种设计条款。设计审查一般包括考虑具体场地的地面运动，采用非线性推覆分析确定承载力与变形能力以及非线性时程分析检验最大层间位移。

1950年，日本推出二战后的第一部《建筑基准法》。其包括以下章节：(1)序言；(2)构造的相关规定和性能要求；(3)构造细节；(4)基于结构计算的安全要求；(5)荷载；(6)应力计算；(7)临界承载力计算；(8)特殊结构的计算；(9)容许应力和材料强度；(10)中期检查。

《建筑基准法》及相关规范被修订了数次。相关的抗震规范于1981年进行了较大修改，除了取消30m的限高外，还规定了两阶段抗震设计方法。第一阶段设计，建筑结构在小震与中震作用下应保持弹性；第二阶段设计，在大震作用下建筑结构的某些构件可以屈服进入弹塑性。第一阶段设计符合"没有或只有非常有限的破坏"以确保继续使用，第二阶段设计符合"防倒塌"以确保生命安全。设计地震力与区域（按地震划分）、场地条件及建筑物高度有关。第一阶段与第二阶段的标准剪力系数分别为0.2与1.0。与第二阶段相对应的峰值地面加速度为0.3~0.4g，而第一阶段为第二阶段的1/5。在第二阶段设计引入一个力折减系数来考虑结构承载力与延性之间的关系。对于钢与钢筋混凝土结构，延性最大的建筑的力的折减系数分别为0.25与0.3。在阪神地震前，这种抗震设计已被使用了近15年。

三、阪神地震后对规范的主要修订内容

2000年，日本修订了《建筑基准法》，使其更基于性能。它给出了破坏极限与生命安全两种极限状态。前者的目标是在中震(50年重现期)作用下结构只发生有限的破坏，从而使结构整体在地震作用下不会丧失其最初设计的性能；后者的目标是防止结构在预期的大震(500年重现期)作用下发生局部倒塌或完全倒塌以保护生命。

两种极限状态与1981的BSL中的两阶段设计一致，但仍有两个明显不同的特征。第一，工程基岩上给出的加速度反应谱明确考虑了场地土的特性与土-结构的相互作用。在1981的BSL中，地震效应由设计基底剪力规定。第二，明确地考虑了承载力与变形。在1981的BSL中，计算结果仅是一个预期延性所需要的承载力，而结构所具有的延性仅是约定的与多种变量相关的函数。在评价承载力与变形要求中，2000的BSL使用能力谱法，抗震需求与结构性能通过等效单自由度体系及具有代表性的基于场地的反应谱来进行比较。依照这两个特征，2000的BSL有利于推动灵活的结构设计，鼓励新型建筑材料、结构部件与建筑技术的发展。土地部门、地下基础部门及交通部门都有权修订与更新BSL及其相关规程，建筑研究所(BRI)负责提供法规及相关规程的技术背景。

1. 钢筋混凝土结构

在阪神地震中，许多钢筋混凝土建筑在首层或是中间层发生了薄弱层破坏。那些中间层破坏的建筑是使用老规范设计的旧RC或RC/SRC建筑。承载力沿高度分布不合理，节点设计较差，都被认为是造成破坏的原因。总的来说，使用最新规范(1981BSL)的较新的RC建筑在阪神地震中显示出令人满意的性能。

例外就是拥有薄弱首层的RC建筑。由于用地的缺乏，许多办公室及公寓的首层被用作停车场，第二层及以上有抗侧墙。在1999年的集集地震中也观察到了相似的薄弱层机制及RC建筑物破坏。1981BSL明确地考虑了侧向刚度沿高度的分布，对于刚度较小的层，要求在原来刚度的基础上多加50%。有薄弱层的新建筑物的破坏暴露了规范的不足。为回应这种严重破坏，相关的规范条款于地震后一年内就作出了修订，而且此类建筑物底层柱的承载力增加了一倍。这种新条款过于严格，几乎否定了此类建筑物的设计与建造，实际可行的设计替代方法也在寻找之中。

2. 钢结构

在日本，钢是一种应用十分广泛的建筑材料。以建筑面积计，钢在建筑物中所占的市场份额排第二，仅次于木材，明显比钢筋混凝土普遍。许多建于20世纪60年代之后的老式钢结构由热轧宽翼缘钢梁与钢柱组成。20世纪80年代初期，日本钢结构进入一个新的建筑体系，由冷加工钢管柱与宽翼缘钢梁组成。由于新旧钢结构使用的抗震规范与建筑技术不同，在阪神地震中两者破坏的严重性形成鲜明的对比。许多倒塌的建筑都是2~5层的老式钢结构建筑物，而新式钢结构建筑物却没有发生倒塌。

震后检查引起对新式钢结构中发现的未预料到破坏的严重关注，这些破坏包括梁柱抗弯连接节点焊接处的脆性断裂，斜撑的严重屈曲与破坏以及螺栓的破坏。在这些破坏中，梁柱节点破坏与1994年美国北岭地震广泛发现的破坏极为相似。这一发现加快了日美两国在20世纪90年代中后期的合作。尽管破坏位置相同，但日本与美国的破坏原因在好多方面却有显著的差别，包括材料、设计、加工及检查。由于这些不同，解决问题的方法也不尽相同。美国加强了焊接质量要求并采用了可以减小连接处应力的设计细则，如采用减缩梁截面(RBS)。日本方面则更重视材料韧性与连接节点来减小连接处的应力集中，如采用无焊检查孔连接。

3. 钢骨混凝土结构

从20世纪50年代中期开始，钢骨混凝土(SRC)结构在日本的大型建筑物中得到了广泛的使用。早期采用开口断面的钢，在稍后的60年代变为热轧宽翼缘钢。阪神地震中，相当多的建于上世纪60年代与70年代的建筑物的中间层倒塌破坏。在很多情况下，倒塌层由SRC柱变为RC柱。柱的承载力突变是中间层倒塌的主要原因。随着与现有抗震规范相一致的新的RC建筑与SRC建筑的设计与建造，它们也表现出令人满意的性能。叠加强度原理已在SRC建筑物的设计中使用了数十年，SRC的强度由钢筋混凝土部分与钢结构部分分别计算相加而成。

为达到更好的抗震性能，采用钢管混凝土(CFT)柱与宽翼缘梁是一个较有前途的方法。钢管混凝土技术已在日本发展了40多年。大约从1970年开始，钢管混凝土框架系统就已在日本使用，尤其是在中、高层建筑中。钢管混凝土框架系统的设计规范于1967年由日本建筑学会(AIJ)第一次制定，承载力计算时采用叠加原理。基于20世纪90年代广泛的研究，AIJ标准于2001年进行了较大修订。

4. 基础隔震

日本于20世纪80年代开始采用隔震技术（图3）。第一栋基础隔震建

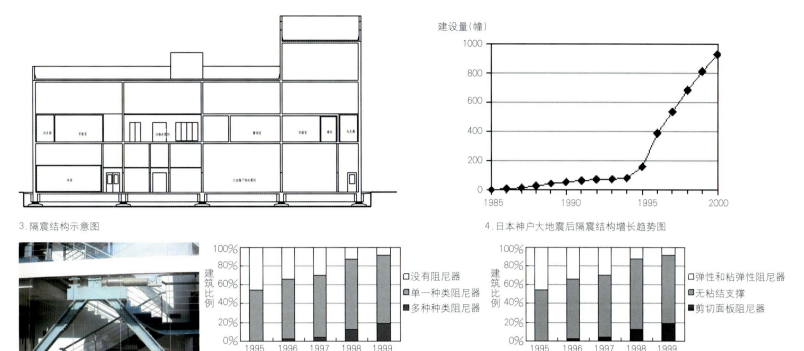

3.隔震结构示意图

4.日本神户大地震后隔震结构增长趋势图

5.阻尼器高层钢结构中的应用

6a、6b.阻尼器在日本高层钢结构和组合结构的应用

筑于1983年建造。在阪神地震前,隔震技术处于实验阶段,其在大型建筑中的应用十分有限。被认为是当时世界上最大的隔震建筑的新日本邮政储蓄电脑中心以及松村组研究实验室,都在阪神地震中表现了良好的性能。阪神地震造成的严重人员伤亡与经济损失促使社会去寻求其他的灾害控制策略,这极大地加快了隔震建筑的发展(图4)。从1985年到1994年这一期间,由平均每年10幢增长到其后的平均每年150多幢[3]。

隔震建筑结构已十分普遍。在日本广泛采用的隔震装置有天然橡胶隔震垫,高阻尼橡胶隔震垫,石墨橡胶隔震垫以及滑动隔震垫。各种不同类型的隔震装置经常联合使用以取得满意的效果。阻尼器也附加在隔震系统中以减小上部分结构的相对位移。隔震结构的设计应采用非线性时程分析法,根据当地情况采用相应的位移输入。

5. 被动控制

在日本,抗震结构被动控制的概念于1968年引入,在当时日本第一座高层建筑东京霞关大厦采用开缝钢筋混凝土墙作为吸能装置。随着更加有效的阻尼器,如金属屈服阻尼器、摩擦阻尼器、黏弹性阻尼器及粘滞阻尼器的使用,结构控制得到了进一步发展。20世纪80年代中期到90年代初,研究与开发达到了繁荣期,其时日本的经济也在高速增长。采用阻尼器的设计与建造也始于那个时期,大多数都用在了高层建筑中(图5)。

阪神地震后,被动控制的应用日益增多,几乎所有的新建高层建筑都装有被动控制来减小主要结构构件的地震破坏以及结构响应。钢结构建筑绝大多数采用金属屈服阻尼器,不同阻尼器的联合使用也屡见不鲜。近年来,在实际使用中最流行的就是防屈曲支撑与剪切面板阻尼器(图6)。这些装置最主要的优点就是在大变形后具有稳定的滞回性能,对强度与刚度有灵活的适应性,并且有合理的价位,所需维护较小且不受温度影响。

阪神地震无疑是引发基础隔震与结构被动控制显著增长的导火索。需要指出的是,仅这一事件不足以推进这一趋势。前提条件是相关设计、制造、实施、维护环境的成熟,以及有熟悉这些新技术的富有经验的设计者。

四、结论

综上所述,阪神地震后,日本从中汲取教训,在建筑抗震规范与建筑抗震设计上都取得了新的进展。其可以简要总结如下:(1)日本抗震设计规范更加基于性能;(2)针对钢筋混凝土结构、钢结构、钢—混凝土组合结构等各种设计规范都已加强以防止出现阪神地震中观察到的结构破坏;(3)隔震结构与被动控制结构已达到比较成熟的阶段,在建筑抗震中已得到充分应用。我们相信中国的建筑抗震规范与建筑抗震设计也将会从地震中汲取教训从而取得重要进展。

注释

1. 日本建筑学会. 1995年兵库县南部地震灾害调查速报. 1995.3
2. 日本国土交通部. 建筑结构基本法解说书. 2001.3
3. 日本建筑学会关西支部. 1995年兵库县南部地震钢结构损坏调查报告. 1995.5

作者单位:清华大学土木工程系

地震专用词汇

地震(EARTHQUAKE)：地壳的振动或突然运动，由地表附近积聚的能量突然释放而产生。地震以地震波的形式传播，引起地面的连续运动。90%的地震发源于地震区地壳岩石中的裂缝，这些裂缝（或断层）是由于地球中的压力增加到地壳不能再继续承受时而产生，这个过程有时要经历数百万年。地壳及地表突然需要寻找一个新的平衡位置，这样就发生了地震。一般来说，这些地震均为构造地震，或是由于岩层间相互位移，或是由板块间相互碰撞而产生。构造板块厚约100km，每年移动2～20cm。有些地震（约10%）的起因是地下空间的移动或人类活动（如爆炸）引起，其余7%为火山爆发引起。

震源或震中(HYPOCENTER OR FOCUS)：发生地震处为震源，其对应的地表位置为震中。根据震源深度的不同，地震可分为三类，浅源地震（震源深度小于6mile，即9.7km），中源地震（震源深度为65～275mile，即104.6～442km），深源地震（震源深度大于275mile，即442km）。

地震烈度(INTENSITY)：地震引起的明显振动的主观描述，特指地震引起的地面振动（人的反应，对建筑物的破坏程度，以及土的扰动、开裂、断裂、滑移、坍塌等），用于描述某一地区地震破坏的程度。同一地震可有不同的地震烈度，这取决于所评估的场地及研究地震效应的人的主观评价。震中的地震烈度最高，距震中越远，地震烈度越小。地震烈度首先取决于地震本身大小，即震级，再者，取决于震源深度。因此，对同样大小的地震而言，距离地表越近，地震越剧烈。

震级(MAGNITUDE)：根据断层断裂过程中以地震波的形式释放的能量衡量地震大小的参数。一次地震仅有一个震级而有不同的烈度。震级被认为是振动的相对大小，通过取某些波运动的最大振幅的对数（10为底）来确定，并乘以考虑震中距及震源深度的修正系数。最常用的为里氏震级M，体波为Mb，面波为Ms，扭转震级为Mw。前三个是根据地震仪上波形的最大振幅值确定，最后一个与地震的扭转特性有关。

里氏震级或局部震级(RICHTER SCALE OR LOCAL MAGNITUDE)：衡量地震数值大小的尺度，由查理·里克特于1935年制定，也称局部震级。尽管是现今最常用的，但描述地震大小时并不总是最合适的。里克特将地震描述为："在距离震中80mile(128km)处安装的标准地震仪上记录的地震波最大幅值（以微米为单位）的常用对数。这就意味着震级每增加一个单位，地震波的振幅增加10倍。由于是对数关系，地震震级相差1级，地震能量相差33倍，震级相差2级，释放的地震能量相差1000倍。迄今记录到的最大震级为里氏9.5级，一条900mile(1448km)长，150mile(241km)宽的裂缝产生了平均65ft(19.8m)的位移。里氏震级两头不封顶，实验室中还得到过伴随微裂缝的负震级这种相反的极限情况。

修正麦卡利烈度(MODIFIED MERCALLI SCALE)：麦卡利烈度根据建筑物的破坏、自然的破坏及人对振动的感觉等将地震烈度分为12度（无感、很轻微、轻微、中等、稍强、强、很强、破坏性、强破坏性、灾难性、毁灭性、完全毁灭性）。如，烈度为I时，可描述为："只有少数人在特殊条件下有感。"同样，烈度XII，则对应于完全破坏，即："滑坡、岩石崩裂、物体抛向空中，视线和水平线弯曲。"

MSK烈度表(MSK SCALE)：由迈芝德(Medredev)、史邦赫(Sponheuer)及卡林克(Karnik)于1964年制定，用以描述地震烈度。分为12度（无感、轻微有感、部分或不确定性有感、明显有感、惊醒、害怕、房屋损坏、房屋破坏、房屋总体损坏、房屋总体破坏、破坏性、地平线变化）。它对建筑物的破坏描述比修正麦卡利烈度更为精确。7度后破坏现象明显。该烈度在欧洲常用。

板块构造理论[TECTONIC PLATES(THEORY OF)]：1912年，阿尔弗雷德·魏格纳指出，称为构造板块的地壳上部岩层的12个大区域处于不停的运动之中，所有的大陆均源自约2亿年前就存在的一块称为潘吉尔的巨大岩石。随着时间的推移，由于地震，潘吉尔开始断裂、分离，巨大的岩石开始漂移，形成陆地。而陆地仍处于运动中。

振动(VIBRATION)：物体有规律的循环运动。在物体偏离其中心位置，设法回到其原平衡点时发生。偏离中心位置线性位移的大小称为振幅。完成一个循环所需时间称为周期。每秒循环的次数称为频率。减小连续循环振幅的作用称为阻尼。增大连续振动振幅的现象称为共振。若地基土的周期与上部结构振动周期一致时，岩石中传出的地震波将会被放大很多。

可再生的住所
——纸管建筑
Recycling dwelling: paper pipe building

结 构 设 计：手冢所
合 作 人：TSP 太羊
摄　　　影：平井弘幸
　　　　　　坂茂
户　　　型：15.98m², 18.6m²
构　　　件：纸管
纸 管 直 径：110mm
管 壁 厚 度：4mm
每一单元造价：1270美元（非常低廉）

坂茂 Shigeru Ban

大多数关于建筑抗震的研究都集中在如何通过更为先进的技术来提高建筑物承载能力和抗震能力，但这样一般会需要很高的费用。而日本建筑师坂茂对纸管建筑的研究，使得建造价格低廉、施工简便的住所成为可能。这种受灾时使用的房屋，比传统帐篷更为实用，并且极大地改善了灾民的居住条件。

在发生了里氏7.2级的阪神大地震后，政治家承诺将尽快为难民提供临时住所。然而，几个月过去了，许多人仍住在塑料帐篷内，有些人甚至完全没有住所，而他们又必须留在原来工作与学习的地区。根据这种情况，坂茂迅速进行了纸管房屋的设计，并且不借助任何复杂工具，亲手建造了一个样品房。

其设计原则是：房屋廉价并且任何一个人都能建造，具有合理的采光和通风条件，外形也可接受。具体做法是：以装满沙的啤酒箱为基础，由直径110mm、壁厚4mm的纸管组成墙壁，再加一个防水屋面，建成一座16m²的房屋。从当地商人那里租来的啤酒箱在建房过程中还可用作楼梯。纸管之间的缝隙用自粘防水带封住。屋面材料没有粘结在纸管上，以便端部敞开作为夏天通风之用，冬天关闭可以保温。由于原料运输和贮存上费用很小，每座房屋的总造价非常低廉。

1999年11月12日，一场大地震袭击并破坏了土耳其的博卢，4万人受灾。由于离他们的工作地点太远，许多人拒绝住进由土耳其政府提供的临时避难所，于是，这为坂茂提供了建造纸质管材房屋的机会。而1995年在日本阪神大地震的首次尝试也为后来的纸管建筑的推广运用提供了基础。

纸管房屋以最低的成本提供了比传统上紧急情况时采用的帐篷更加稳固可靠的临时住所。其成功之处在于具有各种不同的厚度和尺寸，并且耐久、轻巧、美观，易于制造、运输及安装，其原料随处可得且能再生利用，此外，居住其中还十分舒适。

这些纸管建筑迎合了在博卢生活的需要，它们的设计以建设神户纸屋的经验为基础，根据土耳其的气候、社会及经济状况做了相应完善。用于神户的4.0m×4.0m的设计方案，在博卢则根据这里家庭的大小和标准木板，调整为人们所喜爱的3.0m×6.1m的矩形。同样，由于土耳其冬天比日本冷得多，纸屋的地板和屋顶必须做保温处理，纸管内填充了废纸条以提高其保暖性能。考虑到神户纸屋曾出现密封材料不足的问题，因此必须使用纸板和更多的覆盖材料以达到满意的保暖效果。

由于得到土耳其国内外许多个人及组织的合作，整个工程得以顺利实施。当地公司捐献了纸管和建造基础用的啤酒箱，日本公司捐献了pvc板材作为建筑材料并为自己做了广告。房屋的标准单元在伊斯坦布尔工程学院校园里由大学生们利用课余时间预先制作。当地的一个非政府组织HSA学生和其他志愿者组装房屋。这样，通过许多各行各业人们的共同努力，17座房屋于1999年12月建设完毕，急需住房的无家可归者开始入住。

*资料提供：中国水利水电出版社，知识产权出版社《世界名建筑抗震方案设计》授权《住区》使用。

1. 日本神户地震后灾民临时住宅外观

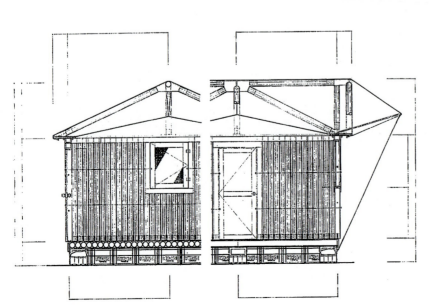

2. 日本神户地震后灾民临时住宅剖面

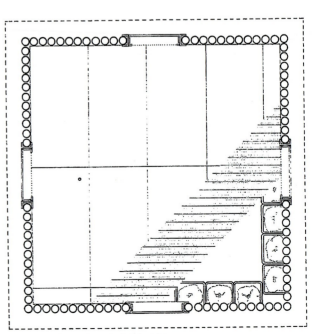

3 日本神户地震后灾民临时住宅地板

由于可重复使用并且不需要大量存贮,纸质房屋具有很大优势,如在卢旺达等国家,由于纸筒可现场制作,所需的只是一本操作手册而已。

4. 日本神户地震后灾民临时住宅纸管建筑轴测图
5. 日本神户地震后灾民临时住宅灾民室内生活场景
6. 日本神户地震后灾民临时住宅外立面细部

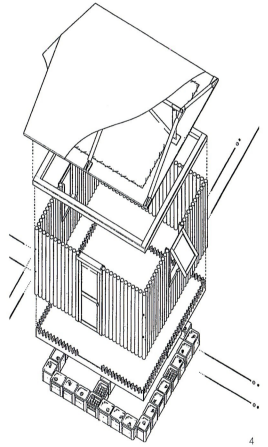

由于包含了社区共建的思想,坂茂为神户社区所做的工作具有特殊重要的意义。他抛弃了根深蒂固的狭隘的地区观念,而采用了新的、更广泛的应用建筑概念,从根本上重新定义了日本建筑师的职业特点。

7.8.日本神户地震后灾民临时住宅传统的帐篷,夏天温度可达40℃,并常受雨水侵袭。这些纸管建造的临时房屋提供了最佳的卫生和生活条件,其尺寸和建造方式使该地区更像一个小城镇,而不是营地。
9.日本神户地震后灾民临时住宅的室内布置

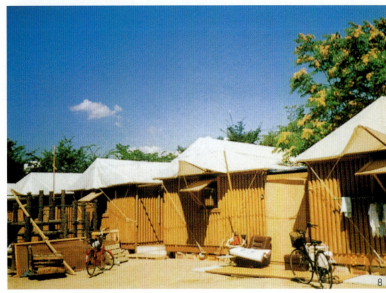

10. 土耳其临时住宅营地外景
11. 土耳其临时住宅组装基础和地板
12. 土耳其临时住宅安装屋顶
13. 土耳其临时住宅纸屋的外观细节

箭头区域地方医疗中心
——一幢可自给的医院大楼

Arrow District regional medical center
A self-sufficient hospital building

BTA—博布罗／托马斯联合事务所
BTA–Bobrow/Thomas & Associates

合作建筑师：帕金斯和威尔（芝加哥）
地　　　点：美国加利福尼亚的科尔顿
施工时间：1999年
业　　　主：圣布那第诺县
施工单位：JCM集团（洛杉矶）
工　程　师：KPFF公司的顾问工程师，
　　　　　　泰勒和盖恩斯（帕萨迪纳）
承　包　商：麦卡锡／大林（海岸新港口）
摄　　　影：约翰·林登
出版相片：刊登在1995年9月11日的《工程新闻记录》
　　　　　　上，麦格劳一希尔公司版权所有

地震历史：1994年1月发生"北屋脊"地震，
　　　　　　该建筑正处于设计最后阶段
抗震等级：里氏8.5级
自给性能：一旦发生地震，至少能维持自给3天
地震危险性：很高，距圣·哈辛托(San Jacinto)
　　　　　　断层约3.2km，距圣·阿德斯(San
　　　　　　Andreas)断层约14.4km
基础隔震支座：392只
正门总造价：700万美元
隔震系统总造价：1000万美元
用于抗震设防费用占总造价比例：10%
总建筑面积：85471m²
用地面积：365109m²
床　　　位：873张
总　造　价：2.76亿美元

1.俯视模型全景图

*资料提供：中国水利水电出版社，知识产权出版社《世界名建筑抗震方案设计》授权《住区》使用。

2. 南立面

箭头区域大楼取代了一幢旧的医疗中心。旧中心所在的加利福尼亚地区人口稠密并且经常遭受地震的破坏。于1994年1月发生"北屋脊"地震，箭头区域大楼正处于设计的最后阶段。地震引起的破坏程度远远超过预计，结果使得人们不得不重新审定抗震设计理论和规范。

BTA于1990年赢得了医疗中心的建造权，其设计具有综合性和由里向外的功能性的特点，并为未来发展提供了充分的自由度。

大楼组合体位于公园内，医疗中心的功能分布在南北向长廊连接的五幢建筑内。这种布置有助于将医疗设施与其他服务机构相分离，也提供给每个单元独有的外部空间、最适宜的采光和通风条件。建筑最高的部分是医院病房楼，呈半圆柱形，能够一览乡村的全貌。其他服务功能位于矩形结构内，通过内部天井与带有小广场的外长廊相连，以供人们休息之用。所有的房屋都能够将山下景色一览无余。

这种功能分区还具有其他优点：内部组织和布局清晰流畅，各种医疗功能区分明显，每幢楼结构上独立，具有良好的抗震能力，并且有利于紧急疏散。

尽管每幢楼在功能上相互关连，但在结构上相互独立。其中三幢楼由4.3m长的造型别致的长廊相连，被称为正门。在地震时，这些长廊可使建筑物的距离既可收缩至10cm又可伸长到2.4m之大。

医疗中心的基础是一个被动液压阻尼系统，由392只橡胶支座和一系列减震装置组成。每根钢柱下安装一个阻尼装置，以保证整个结构处于初始位置，并吸收地面运动的能量。

考虑到该地区与圣·阿德斯和哈辛托断层仅14.5km，地震发生几率很大，大楼按里氏8.5级进行抗震设计。医疗中心有自给系统，能够72小时不依赖外部援助而正常运作，这种有力的措施使该医疗中心成为抗震性能最好的公用建筑之一。

3.建筑东南立面图

4. 二层平面图
5. 底层平面图
6. 立面详图和半圆柱形楼的部分钢结构图
7. 被动液压阻尼系统
8. 首层的支撑能够显著地提高建筑物的抗震性能

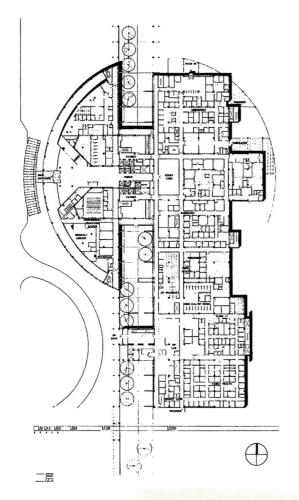

二层

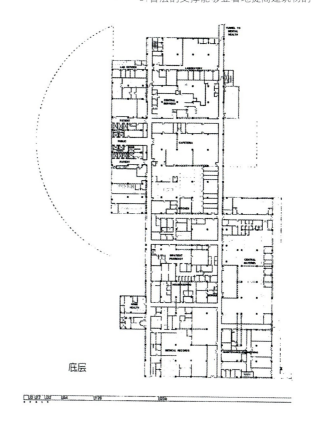

底层

在隔震支座减少位移的同时，阻尼器抑制地面运动加速度的影响。隔震支座高约50.8cm，直径约88.9cm，为夹层橡胶隔震支座，安装在柱及墙下以承受竖向荷载。

长约3.7m，直径为30.5cm的阻尼器类似于汽车的减震器，专门为箭头区域地方医疗中心制造。它由免维护的不锈钢活塞和充满硅质材料的圆筒组成，水平安装，一端与基础相连，另一端与柱或由梁相连。这些隔震器能够吸收地震能量，并可用于防MX导弹或核爆炸袭击的系统。

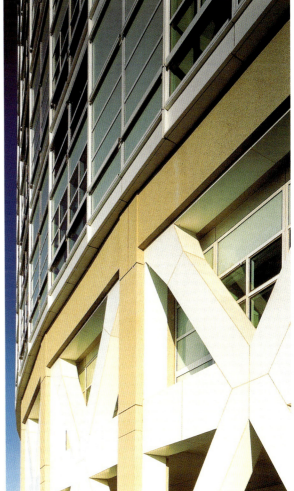

格拉纳达大学的理工学院
——完美的对称

Faculty of Science and Engineering, Universidad de Granada
Impeccable symmetry

M·A·格雷西尼，略皮斯及J·E·马提内兹·德·安格鲁
M. A. Graciani, Llopis and J. E. Martinez de Angulo

位　　　　置：	西班牙格拉纳达市
施 工 时 间：	1998年～2000年
业　　　　主：	安大路西亚区政府和格拉纳达大学
基础和结构：	埃德尔米罗·鲁阿·罗德里格斯，
	何塞·马利亚·罗德里格斯·奥尔蒂斯，
	曼努埃尔·希门尼斯·多明格斯，
	南非奥菲西那·特克尼卡·瓦尔特公司，
	南非特克尼卡·科塔斯国际顾问公司
工 程 管 理：	何塞·安东尼奥·略皮斯·索尔韦斯，
	路易斯·略皮斯·加西亚，
	曼努埃尔·希门尼斯·多明格斯
	以及南非科塔斯国际公司
安全和健康协调：	克里斯蒂那·略皮斯·加西亚
摄　　　　影：	曼努埃尔·希门尼斯·多明格斯，
	埃斯图迪奥·略皮斯
西 班 牙 标 准：	NCSE-94
水平地面加速度：	0.24g
地震期望周期：	500年
总 用 地：	10520m²
占 地 面 积：	3400m²
建 筑 面 积：	22800m²
总 层 数：	9层
标准层尺寸：	56.7m×56.7m
建 筑 高 度：	32.9m
总 造 价：	1100万美元（按照2000年3月的价格）

*资料提供：中国水利水电出版社，知识产权出版社
《世界名建筑抗震方案设计》授权《住区》使用。

1. 格拉纳达大学的理工学院外景——矩形棱柱体及螺旋形坡道

格拉纳达大学理工学院，外观为宏伟的白色混凝土棱柱形，容纳了大学各种复杂的功能要求。

该建筑物在周围开阔的环境中清晰可见，用地面积10520m²，呈梯形。底层四周为宽阔的内部道路。主入口处两条给人以深刻印象的人行道，将理工学院首层与校园街道相连。建筑外部通过坡道、室外楼梯以及醒目的螺旋坡道与内部通道相连接。该学院占地3400m²，其余7098m²的土地尚待开发和绿化。

该学院建筑面积22800m²，理工学院所有课程和活动都在楼层空间内进行。每一楼层根据课程需要及相互关系安排各种不同功能。演讲大厅、教室及其他的教学区布置在中央圆柱形空间周围，该空间通过屋顶金字塔状的天窗从上部采光。这个开放式的空间将每个楼层连接起来，为整个内部空间提供空气和自然光。楼层设计围绕四个交通中心进行，即：隐蔽的室内楼梯，四部大容量电梯，休息室和竖向管道系统。

该建筑位于西班牙地震图的危险区域，其地震的水平地面加速度系数为0.24g（与重力加速度相关的基本地震加速度）。

考虑到该建筑的重要性，以及在地震条件下的承受能力，建筑造型从一开始就基于一种非常简单的形态来考虑，这样从模型的受力分析中作出的预测，将非常类似于在一次地震期间实际建筑的真实性能。

该建筑物标准层尺寸为56.7m×56.7m，建筑高度32.9m高，在地平面以下有5.5m深。采用这些比例是期望结构不会发生扭曲或滑移。由于建筑物部分在地下，地下室墙背上存在潜在的被动压力，因此建筑物的稳定性得到了提高。

该建筑物每层总荷载差别不大，附加的重量均匀分布在楼层的刚度中心周围，因此最大限度地降低了由地震引起的扭转。对于这种荷载分布情况，根据规范，结构分析只需考虑质量中心和刚度中心之间的最小偏心距。

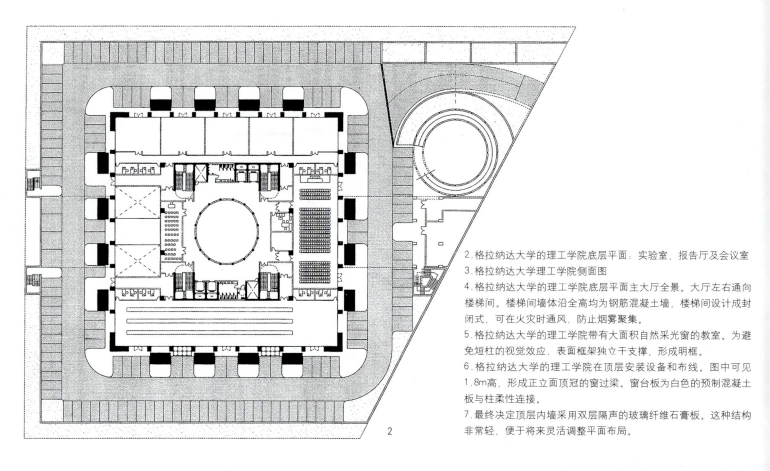

2. 格拉纳达大学的理工学院底层平面：实验室、报告厅及会议室
3. 格拉纳达大学理工学院侧面图
4. 格拉纳达大学的理工学院底层平面主大厅全景。大厅左右通向楼梯间。楼梯间墙体沿全高均为钢筋混凝土墙，楼梯间设计成封闭式，可在火灾时通风，防止烟雾聚集。
5. 格拉纳达大学的理工学院带有大面积自然采光窗的教室。为避免短柱的视觉效应，表面框架独立干支撑，形成明框。
6. 格拉纳达大学的理工学院在顶层安装设备和布线。图中可见1.8m高、形成正立面顶冠的窗过梁。窗台板为白色的预制混凝土板与柱柔性连接。
7. 最终决定顶层内墙采用双层隔声的玻璃纤维石膏板。这种结构非常轻，便于将来灵活调整平面布局。

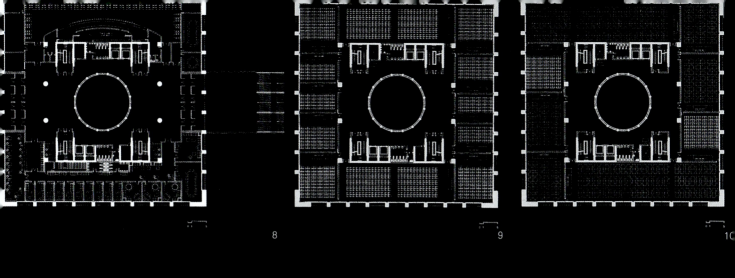

8.格拉纳达大学的理工学院首层平面：接待、行政、管理、咖啡厅、文印
9.10.格拉纳达大学的理工学院教室层平面典型布置
11.12.格拉纳达大学的理工学院混凝土中钢筋网详图。每层楼面的格栅分四部分施工，然后用特殊的工艺拼接起来以最大限度地解决收缩问题。然而，由于没有结构节点，采用了双对称的设计方案。对称结构设计将扭转作用降到最低。
13.格拉纳达大学的理工学院人行道的封闭式橡胶支座。建筑物入口处的两处人行道设计成独立式，与建筑物分离。因为地震中人行道与主体结构的振动形式不同，可能失去疏散功能。
14.格拉纳达大学的理工学院中柱钢筋网详图。将结构的振动周期设计得很短，远离地面震动的长周期，从而避免了地面与结构产生共振的可能。采用的方法是：在厚垫层上浇筑一个非常刚性无结构节点的框架，地下室周围采用混凝土墙体，并埋入地下。另一个因素可使建筑物更加稳定：内部空间的划分和结构构件的几何布置相对于两个正交主轴双向对称，坐标原点与楼面重心重合。
15.格拉纳达大学的理工学院配筋场景

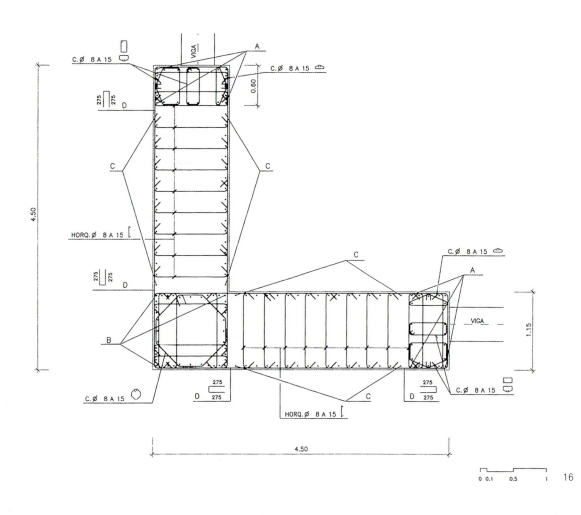

16.格拉纳达大学的理工学院角部构造。正交布置的构件为水平运动提供了抗力,并通过对称设计得以加强。楼梯间、电梯井、管道井等刚度很大的构件均为现浇。结构的扭转中心几乎与形心重合。各层刚度沿房屋高度变化不大。楼梯间经特殊设计,既满足承载力要求又具有一定延性,在遭遇强烈地震时可作为逃生路线。

17.格拉纳达大学的理工学院铺设钢筋网

18.格拉纳达大学的理工学院架设模板

19.20.格拉纳达大学的理工学院浇筑完毕后的视图

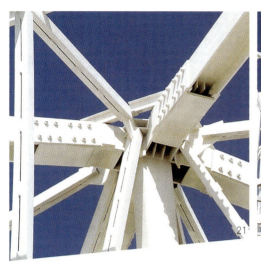

21~23.格拉纳达大学的理工学院连接屋顶桁架的中心节点。这种特殊构造保证了结构所需的刚度。节点用预应力螺栓加强的叠层钢板构成。

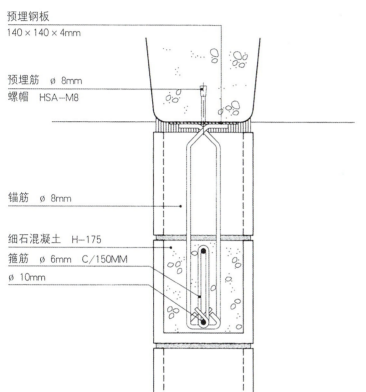

预埋钢板 140×140×4mm

预埋筋 ø 8mm
螺帽 HSA—M8

锚筋 ø 8mm

细石混凝土 H-175
箍筋 ø 6mm C/150MM
ø 10mm

24.25.格拉纳达大学的理工学院混凝土砌块内墙连接的上下节点详图

26~30.格拉纳达大学的理工学院内部隔墙的设计确实能增加刚度,增强结构的抗震能力。这样做的目的是不改变内墙的刚度中心。此外,内墙与楼板间采用柔性接缝,用弹性较好的金属连接,而不是刚性连接。

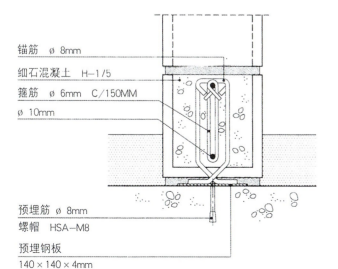

锚筋 ø 8mm
细石混凝土 H-1/5
箍筋 ø 6mm C/150MM
ø 10mm

预埋筋 ø 8mm
螺帽 HSA—M8
预埋钢板 140×140×4mm

新西兰提帕帕·汤格里瓦国立博物馆
——文化交流的桥梁
Museum of New Zealand Te Papa Tongarewa
A cultural bridge

JASMAX建筑师事务所
JASMAX Architects

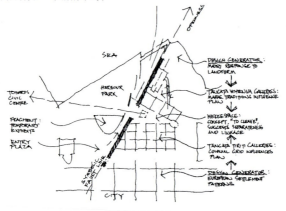

1.惠灵顿市由于受到大海和山地的限制，只能分布在狭长、线状的地带。而通过复杂的设计，博物馆的建造可以向大海扩展，从而形成了一个新的半岛。

2.项目模型

| 位　　　　置：新西兰惠灵顿 |
| 施 工 时 间：1993年~1998年 |
| 竣 工 时 间：1998年 |
| 业　　　　主：新西兰提帕帕·汤格里瓦国立博物馆董事会 |
| 土建承建方：赫尔姆斯·安鲁帕联合投资公司 |
| 岩 土 工 程：唐金&泰勒公司 |
| 抗 震 设 计：斯凯勒鲁普实业公司 |
| 摄　　　　影：JASMAX建筑师事务所 |

适用抗震标准：新西兰标准4203
预计建筑物使用年限：150年
预计未来150年发生地震次数：5次
加　速　度：常数，且总小于地面加速度
风　　　速：68m/s
展　　　示：有一个用于模拟地震的空间
总建筑面积：36700m²
总展览面积：10034m²

预计地震间隔期	地震强度(麦卡利震级)	可能造成破坏	发生概率
250年	MMIX（预计最大）	无明显破坏	45%
500年	MMX	严重但可修	26%
2000年	MMXII（可想像的最大震级）	不可倒塌	7%

*资料提供：中国水利水电出版社，知识产权出版社《世界名建筑抗震方案设计》授权《住区》使用。

3. 夜色中的博物馆外景

  提帕帕·汤格里瓦国立博物馆是新西兰新建国家博物馆，这座建筑面积36700m²、壮美辉煌的国家文化宝库，位于首都惠灵顿中心。它滨河而建，四周群山环抱，替代了原来那座较小的国家博物馆，后者建于1936年，已容纳不下其馆藏。由于临山靠海，再加上地震的风险，惠灵顿在城市布局上受到很大限制。新建博物馆在设计上充分表现出了这个国家的文化特点，很大程度地改变了城市的面貌。新西兰最典型的特征之一是欧洲文化和当地土著文化共存，这在博物馆的基本建设意图中得到了体现：将两种文化充分结合，在展示相互影响的同时，保留各自的特点。

  从坐落在海湾边的方式，到其外形、布局的复杂多样无不反映出这座建筑物所蕴藏文化的二元性。设计试图在直线条的城市和开阔的滨海间提供一个过渡，构筑一座从城市到自然的桥梁。除了永久展区和毛利人传统聚会的场所外，博物馆还设有儿童教育中心、临时展览厅、商店、剧院、图书馆、研究中心、办公室及一个能泊250辆车的停车场。与海湾公园展区风景的呼应强化了该建筑的自然特征，而通过一座不同寻常的拥有多种几何造型的雕塑使参观者更加深刻地领略到当地的动、植物与地质资源。

  该建筑的结构和形式根据当地的地理和气候特征进行了调整。由于海底的地质运动，该地区及整个滨海地区易受大浪侵袭而被淹。惠灵顿是新西兰最易发生地震的地区，此外还常有强风袭击。建筑物的基本结构是一系列5层楼高的混凝土柱，由单向支撑的混凝土墙加强，大多数梁板可以预制。结构的基础采用了经济高效的、带消能元件的抗震隔震体系，其最主要的优点在于能为结构的其他部位(墙体、外部围护、楼板等)提供很大的设计自由度，使设计具有更大的灵活性。

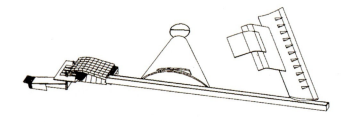

屋顶

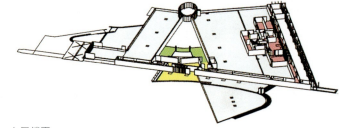

六层楼面

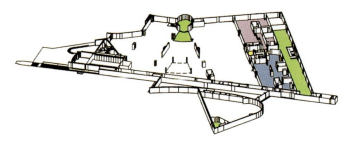

五层楼面

四层楼面

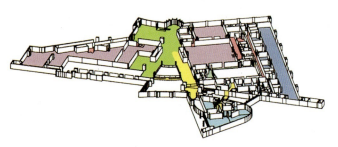

三层楼面

二层楼面

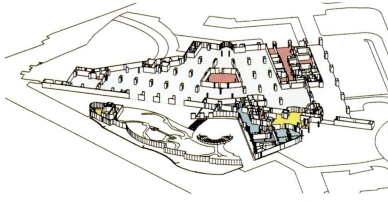

首层楼面

4. 博物馆各层功能分布示意图

展览厅

公共入口

会议室

商店

行政、办公室及车间

服务区及设备系统

藏品区

停车区

5. 从海洋公园看博物馆

8. 锚固板的节点详图
9. 正立面外墙上的玄武岩贴面

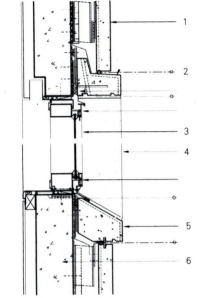

6. 推拉窗标准施工详图

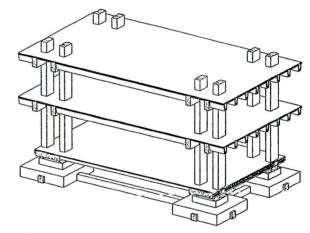

10. 结构体系图

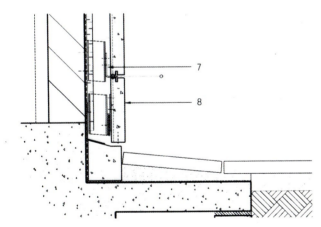

7. 结构抗震设计之地面节点详图

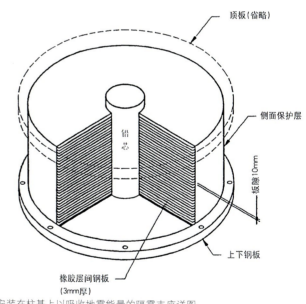

11. 安装在柱基上以吸收地震能量的隔震支座详图

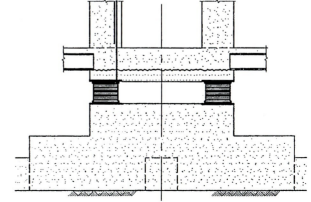

12. 吸收地震振动的装置

展览馆的外墙采用15000余块预制混凝土板以抵制恶劣的气候条件。每块墙板长1.8m、宽0.9m、厚4.57cm，用不锈钢扣件与内层混凝土墙连接。这种双层外墙用以抵抗雨和风的侵袭。

由142只带铅芯的叠层橡胶隔震支座组成的隔震层可减少建筑物的水平地震作用。每只隔震支座放置于结构与基础之间的柱下，用螺栓进行连接，可以吸收部分由地基传来的地震能量。这种隔震支座可以承受地震的水平振动，使结构振动减弱，避免结构的倒塌。

大学生住宅论文及设计作品竞赛

创意设计 · 创意家居 · 创意生活

中国建筑工业出版社
《住区》 清华大学建筑设计研究院 联合主编
深圳市建筑设计研究总院有限公司

《住区》为政府职能部门，规划师、建筑师和房地产开发商提供一个交流、沟通的平台，是国内住宅建设领域权威、时尚的专业学术期刊。

主办单位：《住区》

《住区》大学生住宅竞赛参赛细则

一、奖项名称

《住区》学生住宅论文奖

《住区》学生住宅设计奖

二、评奖期限

一年一度

投稿日期：每年1月1日-11月1日

评奖时间：每年11月1日-11月15日

颁奖时间：每年11月底

获奖论文及设计作品在《住区》上刊登，并在每年年底汇集成册，由中国建筑工业出版社出版，全国发行。

三、评奖范围

全国建筑与规划院校硕士生、博士生关于住宅领域的论文或者住宅设计作品。

四、参与方式

全国建筑与规划院校住宅课的任课老师推荐硕士生、博士生关于住宅领域的优秀论文或者住宅设计作品。

全国建筑与规划院校博士、硕士生导师推荐硕士生、博士生关于住宅领域的优秀论文或者住宅设计作品。

全国建筑与规划院校博士生、硕士生自荐其在住宅领域的优秀论文或者住宅设计作品。

五、评选机制

评选专家组成员：《住区》编委会成员及栏目主持人

六、参赛文件格式要求

住宅论文类

1. 文章文字量不超过8千字
2. 文章观点明确，表达清晰
3. 图片精度在300dpi以上
4. 有中英文摘要、关键词
5. 参考文献以及注释要明确、规范
6. 电子版资料一套，并附文章打印稿一份（A4）
7. 标清楚作者单位、地址以及联系方式

住宅设计作品类

1. 设计说明，文字量不超过2000字
2. 项目经济指标
3. 总图、平、立、剖面、户型及节点详图
4. 如果是建成的作品，提供实景照片，精度在300dpi以上
5. 电子版资料一套，打印稿一套（A4）
6. 标清楚作者单位、地址以及联系方式

七、奖项及奖金

个人奖：

1. 论文奖：

金奖一名

银奖两名

铜奖三名

鼓励奖若干名

2. 设计奖：

金奖一名

银奖两名

铜奖三名

鼓励奖若干名

学校组织奖：学校组织金奖一名

八、组委会机构

主办单位：《住区》杂志

承办单位：待定

九、组委会联系方式

深圳市罗湖区笋岗东路宝安广场A座5G

电话：0755-25170868

传真：0755-25170999

信箱：zhuqu412@yahoo.com.cn

联系人：王潇

北京西城百万庄中国建筑工业出版社420房

电话：010-58934672

传真：010-68334844

信箱：zhuqu412@yahoo.com.cn

联系人：费海玲

<90m², −90m²−, >90m²
——关于90m²住宅政策的一次探索性课题
<90m², −90m²−, >90m²
An investigation under the 90m² policy

课程时间：10周
授课教师：何崴、虞大鹏、苏勇、丘志（外聘教师）
学生：本科4年级建筑专业

何崴 He Wei

背景

2006年宏观调控中最具分量的一笔就是：新建住宅要"瘦身"，其中建筑面积在90m²以下的户型比重必须占总住宅量的70%以上。无疑，这是一个对于开发商来说"灾难性"的政策，原来经过多年经营的大户型必须被束之高阁，取而代之的是不熟悉的90m²的"小盒子"。但同时，住宅市场上对于大户型的需求并没有减少，而且在很多城市大户型的销售俨然优于小户型。如何在满足国家政策的同时，又能满足市场的需求，一时间成为了各大房地产开发商必须解决的问题。而解决方案之一就是：可自由组合的"可变住宅"。

所谓"可变住宅"是指住宅的户型和面积可以改变，即通过对不大于90m²的小户型重新组合，在需要的情况下完成从小户型到大户型的转换。诚然，这种转换并不是当下的一种发明，在以前的住宅设计中就有过这种灵活组合户型的尝试，但过去的做法大多相对简单，只是水平或垂直方向住宅简单的拼合。俨然，在当下竞争激烈的住宅市场中这已经不能满足购房者和开发商的胃口，寻找新颖的、独特的"可变住宅"已经成为了一个迫在眉睫的课题。这两年来，很多设计师都在尝试着寻找新的组合方式，但由于市场等众多原因，实现的案例并不是很多。

当然，在寻找"可变住宅"之路的同时，建筑师也在思考如何做好90m²的小户型，正所谓"鱼和熊掌兼得"。既然出台了90m²政策就说明，在一些地区这类小型住宅供不应求。显然，随着中国家庭类型和生活方式的转变，对于住宅多样性的要求越来越显著，如何设计能满足不同人群要求的住宅也是摆在我们面前的一个问题。

美院式的教学

在很多设计机构从市场的角度出发，研究小户型问题的同时，很多教育机构也开始思考这个问题。但不同于经营性的设计机构，学校的课题设计更多地强调了它的探索性和研究性。也许在经济性和合理性上，学院派的设计会有很多不尽人意的地方，但学生如"初生牛犊"般的激情却是一些"老手"所没有的。中央美术学院建筑学院的教学就更是如此。在这里，建筑教学在强调功能之余，更多的鼓励学生的创造性和独特性。这一传统在本次课题中也得到了延续。

学院教学的另一个特点是："多元性"。本次课题的教师就不但包括学院的老师，还特意邀请了社会上的职业建筑师加盟。在上课过程中，不同的教师会根据自己对课题的理解和各自的特点，指导学生的设计，其结果就是学生的作业也呈现出一种丰富的多元性。学院正是希望通过这种"混血"的过程，创造一种开放和多元的氛围，使学生了解各方面不同的创作思想。

选址与任务

本次课题的基地选在了北京三里河路百万庄小区。这是一个非常有特色的小区，建于20世纪50年代，其空间肌理着意模仿了前苏联的街坊式布局，整齐而富于围合感。小区的建筑大多为3层，砖混结构、坡顶，建筑在总体上强调简洁之余，在入口、阳台等处也加入了中国传统符号的装饰元素，看上去显得亲切宜人。

然而，为何选择这里呢？其实目的很简单，我们希望学生的主要精力放在住宅本身的思考上，如多户型组合、住宅平面灵活性、可变性等方面，而不要把设计的重点放在组团的规划上。所以，我们选择了这个空间结构非常明确的小区，并要求学生从小区中选定一栋住宅楼进行"置换"，即拆除原有的建筑，并在原址上新建一座新的住宅楼。新建建筑在高度和体量上必须和原有的小区空间肌理相吻合，同时也应该满足新时代的生活需求。

对于住宅的设计，本次课题强调了满足90m²政策下的"丰富性"和"可变性"：要求新建住宅中面积小于或等于90m²（为了简化面积计算中的难度，本次课题规定的90m²为户内面积，不是建筑面积）的住宅户数应该占总户数的70%以上；户型应该能满足不同使用人群的面积和平面要求，应尽可能丰富；此外，户型与户型之间应该存在重新组合、转换的可能性，且重组后的新户型在面积上可以大于或小于90m²，但变化前后的住宅在结构和平面布局上都应该具有合理性。

成果与思考

经过10周（80课时）时间，最终每个学生完成了自己的设计，其中的一些设计具有鲜明的特点，它们或是在住宅组合方式上有新的尝试，或是对住宅表皮、公共空间等问题进行了探索……道路不同，但都各具特色。

本次我们选取了56件作业中的一部分介绍给大家，希望可以起到管中窥豹的作用。诚然，这些学生的作业在结构设计或经济性上或多或少的都存在一些不尽人意的地方，但从他们的作品中，我们可以看到很多新鲜的东西。正如很多在古人看来不可能实现，但已经实现的事物一样，也许在不久的将来这些不成熟的纸上作品会转化成现实的建筑。让我们拭目以待吧……

作者单位：中央美术学院建筑学院

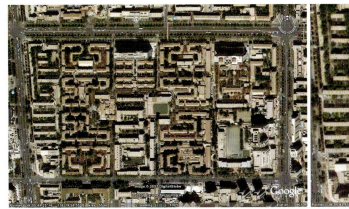

Box 12*12
90< 90 <90

设计理念：

设计的主要手法是分解和组合。设计的最初想法是把建筑的管井、公共垂直交通、户型分解来考虑。管井位置位于构筑物的中间位置，这样可以服务半径6m的户型使用空间。同时户型组合的可能性也在管井的服务半径内的空间分割产生。从而把整个户型设计的问题置换成考虑在12m×12m的中间布置管井的盒子中考虑集合住宅居住的可能性。

教师点评：

自由组合住宅的难点在于组合前后房间的平面布局都必须合理，而其中尤以厨房、卫生间这些需要垂直对位的空间不易处理。本方案利用垂直交通和管井的组织，巧妙地找到了变与不变之间的平衡点。设计者在12m×12m的方盒子通过对4种不同大小的基本单元体的组合，创造了多种住宅户型的可能性，其中不仅有传统的水平和垂直方向的组合，还有空间中的L型组合等十多种类型；户型的面积也从36m²到180m²不等。此外，在住宅立面的设计上也能和户型组合方式相对应，创造了丰富而极富感染力的住宅形象。

此外，值得注意的是，本方案从设计理念到图纸表达完整、统一，反映出设计者清晰的思维和控制能力。

window system

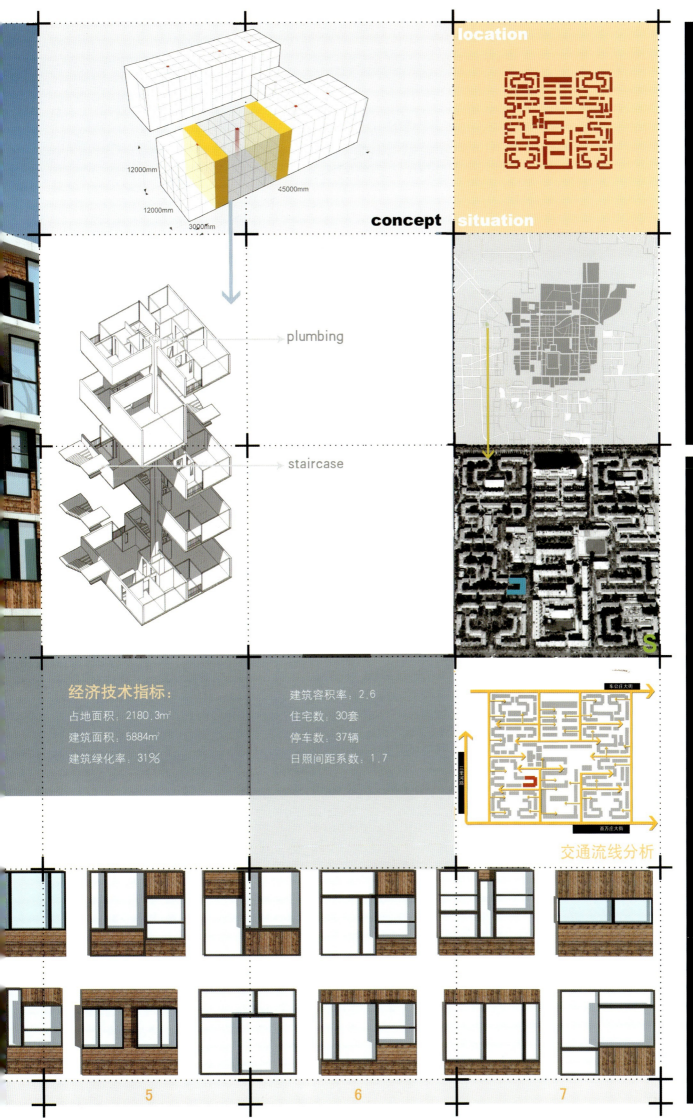

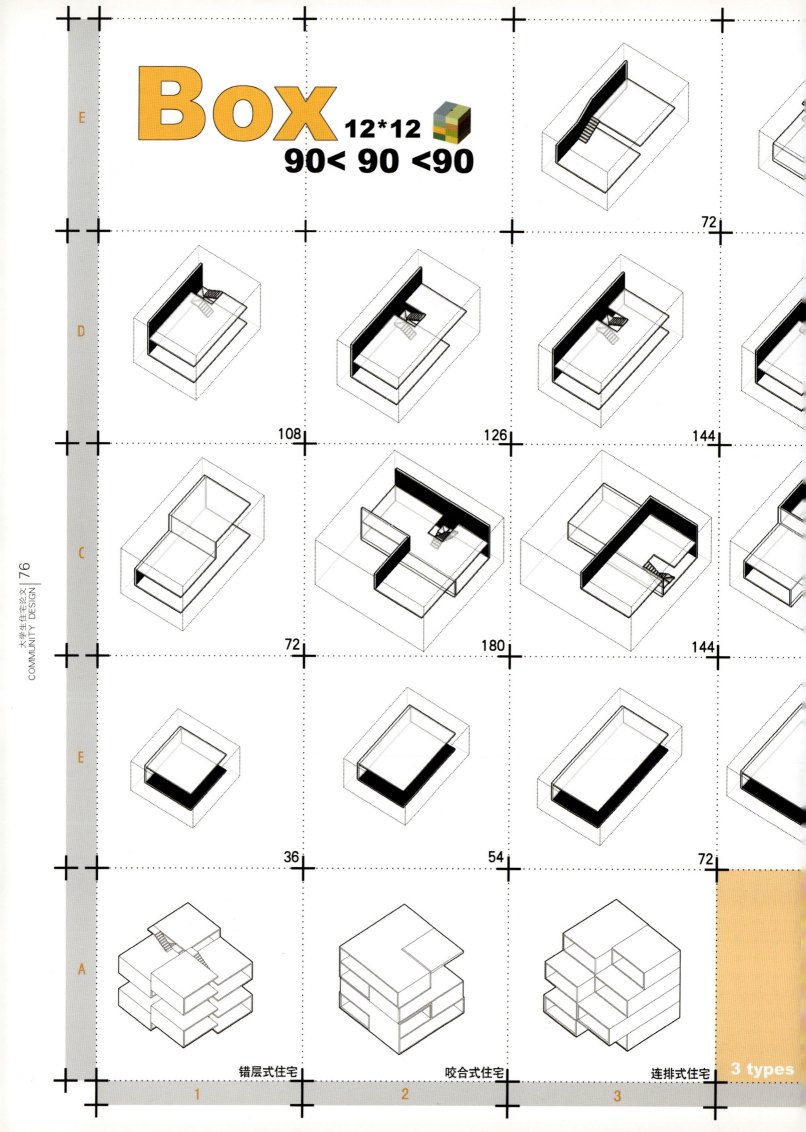

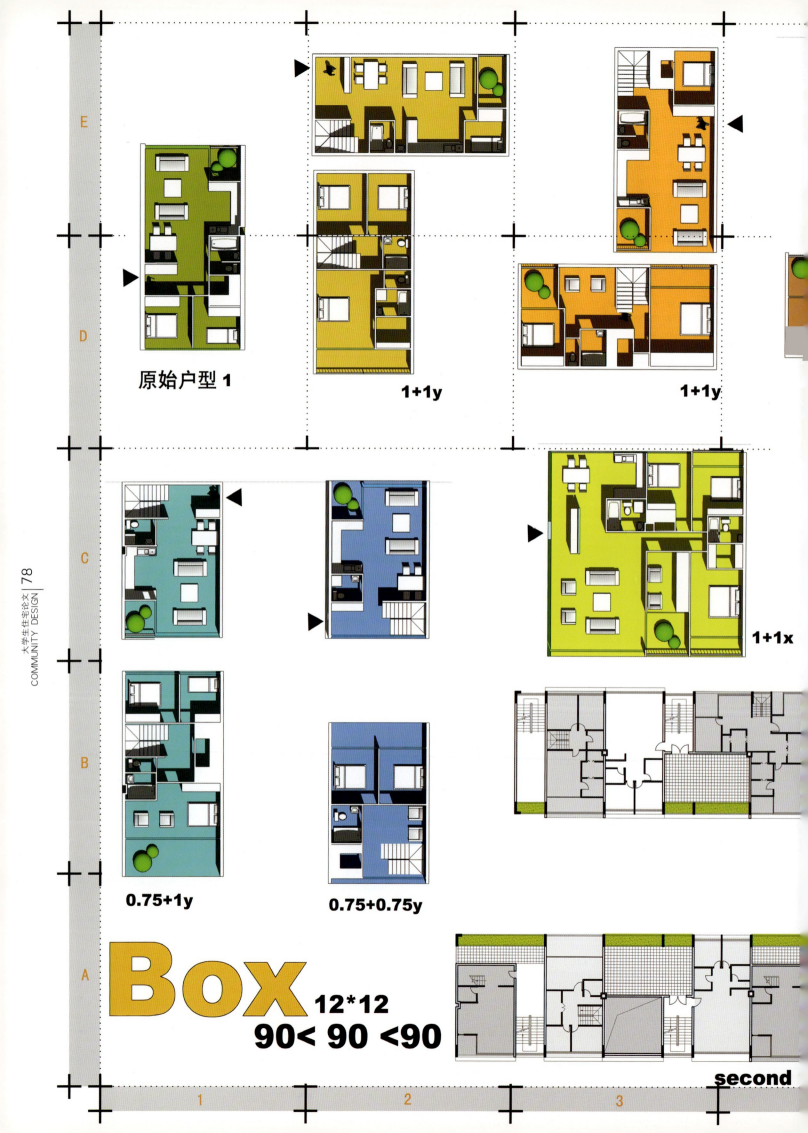

third floor plan

fourth floor plan

1+1.5y

户型图

HOUSING

COMMUNITY DESIGN

COLLECTIVE HOUSE

CONCEPTION

小区关键词 天干地支
设计出发点 阴阳八卦

由阴阳图型转为方形
上下错动 垂直方向产
虚实变化 前后错动
水平方向产生第二次
虚实变化

错动使得每户均有
一室外空间 与室外
呼应 与邻里沟通

百万庄区位图

教师点评：

百万庄小区按照子丑寅卯顺序排列，总平面与中国传统的八卦图有相似之处，作者受此启发，从天干地支和阴阳八卦的图形特征入手，在住宅设计中将阴阳图形转变为咬合的方形，同时上下、前后进行错动，从而产生垂直方向和水平方向两个维度的虚实变化并因此使得每户均具备了一个独有的室外空间。户型平面灵活实用，可以满足现代生活的需要，同时，由于是在X、Y、Z三个轴向进行空间的组织和咬合，为创造灵活多变的居住空间增加了多种可能。建筑立面处理手法洗练，成功塑造了稳重而不乏轻灵、简练而不失细节的现代化集合住宅。

方案的不足之处在于户型设计均偏大，不是特别符合课题的要求。

COLLECTIVE HOUSE

指导教师 虞大鹏　　学生 葛晓婷

DESIGN

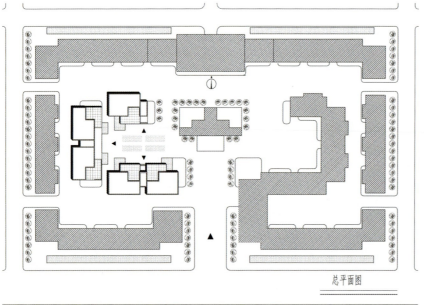

总平面图

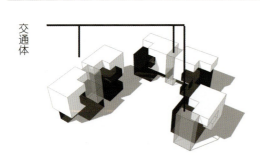

交通体

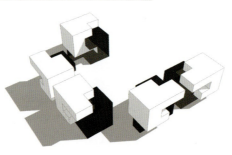

模型体量

COLLECTIVE HOUSE

VARIETY

拆分体块　　拆分空间

A

B

C

D

户型 A

户型 B

户型 C

户型 D

单体的形态给户型的变化提供多种可能
XYZ三轴咬合为户型空间丰富创立基础

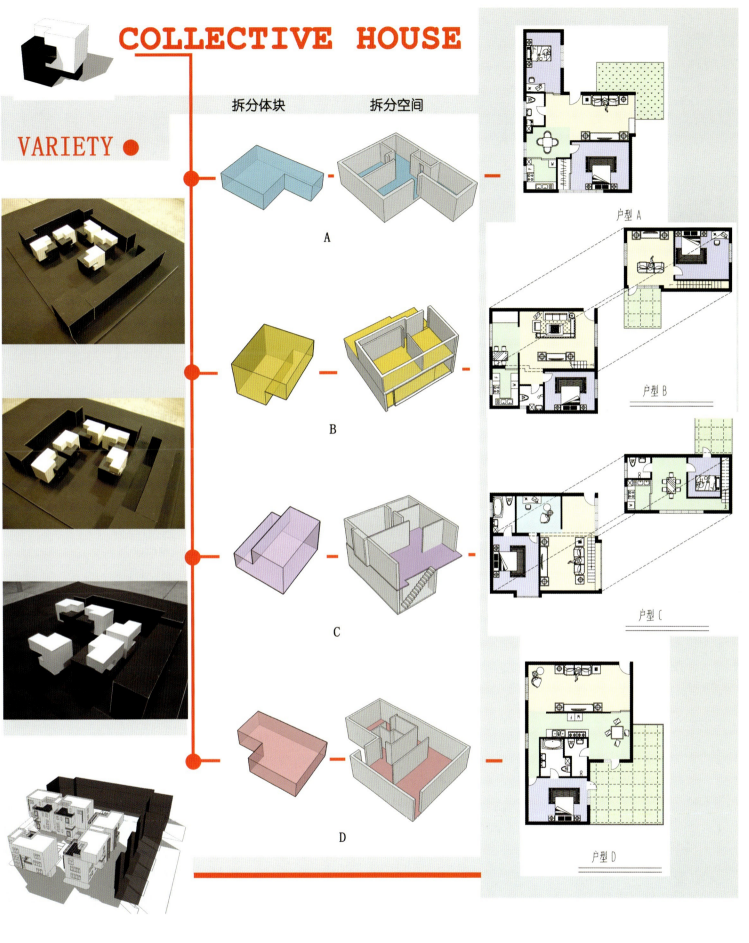

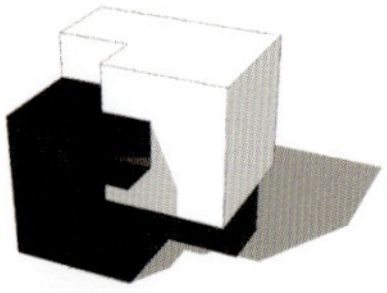

VARIETY

拆分体块　　拆分空间

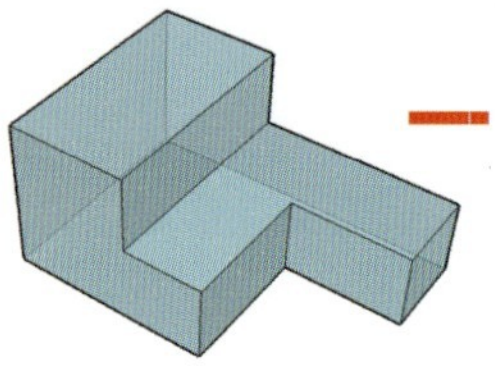

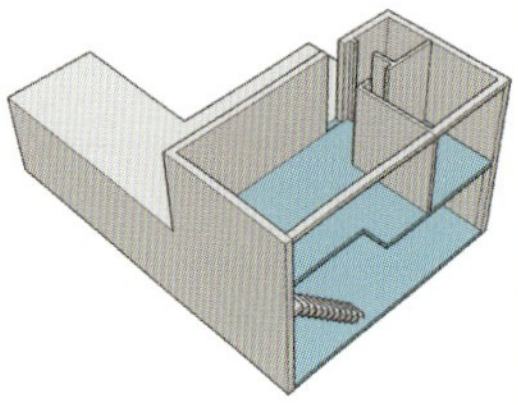

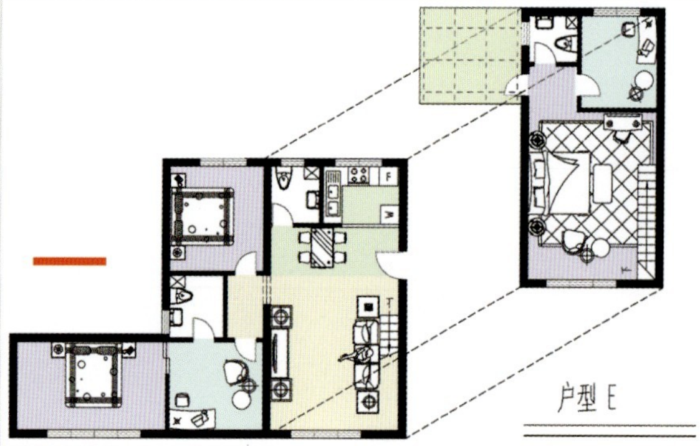

E

F

G

MODEL PHOTO

户型 E

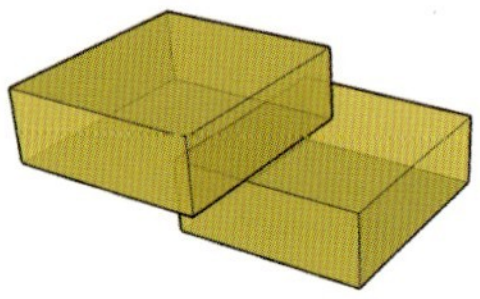

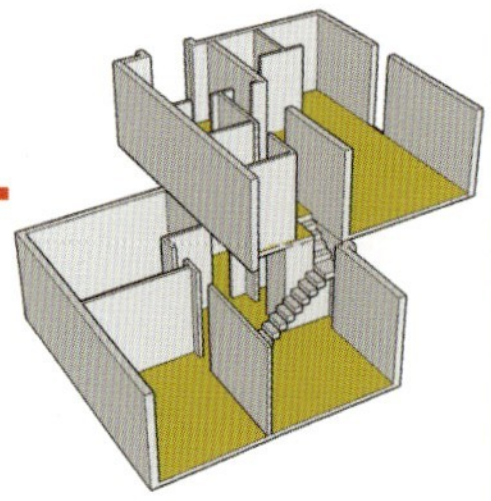

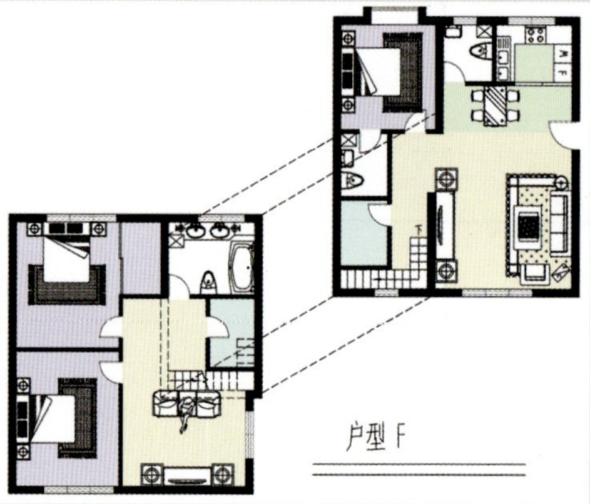

户型 F

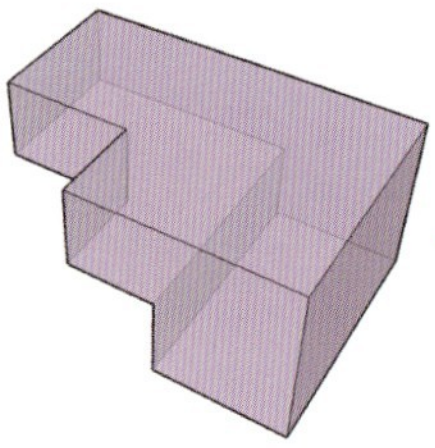

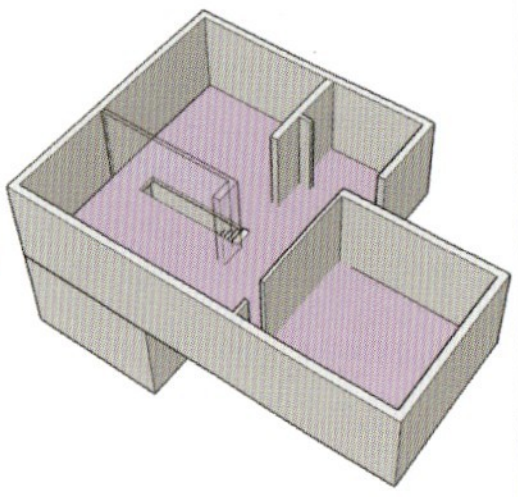

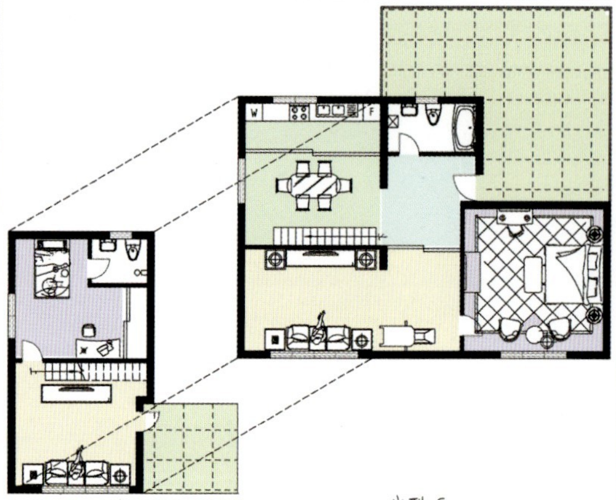

户型 G

交通流线

各层入口

各层入口

整体流线

COLLECTIVE HOUSE
DESIGN

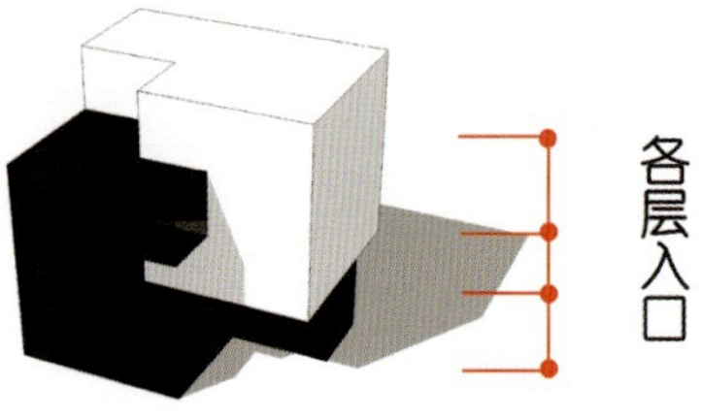

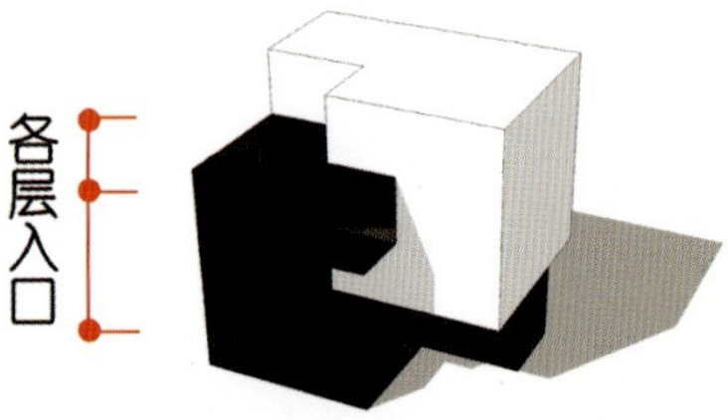

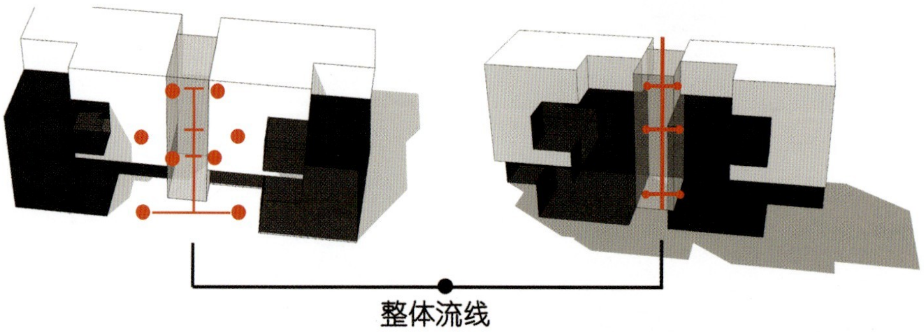

COLLECTIVE HOUSE

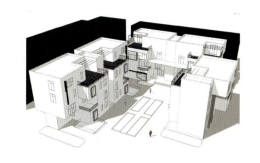

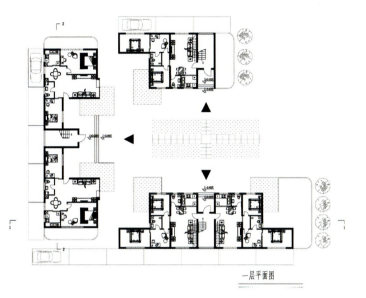
一层平面图

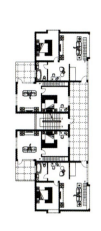

三层平面图

二层平面图

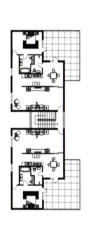
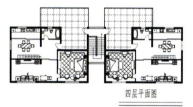
四层平面图

COLLECTIVE HOUSE

1-1剖面图

2-2剖面图

DESIGN

集合住宅设计————立体街区

方案背景：基地位于百万庄小区卯区，该小区建于上世纪50年代，是新中国第一批集合住宅。目前居住在内的多为退休的老年人，不过也陆续有年轻的外来人口迁入，居民组群上处于新老更替之时。住宅虽年代久远，但至今仍坚固耐用。幽静的环境和茂密的绿植是周边环境的优点，但建筑交通流线存在死角和公共场所因时间久远而缺乏规划也带来一些问题。

━━━ 城市主要道路
━━━ 城市次要道路
━━━ 小区交通道路

方案概念

通过上述分析，发现该小区虽然远离城市噪声但由于其特殊的平面走向和布局，使很多地方出现交通死角和通风死角影响居住舒适度。此外小区中绿化虽好其布置却缺乏秩序导致空间上的浪费，当地很多居民反映缺乏公共交流场所体现了这一问题。因此本方案并不局限于住宅本身，而是从其与周边社区乃至城市之间的空间关系作一些探讨。

概念深化：

方案在对整个社区空间的关系处理上是在保护居住区私密性的基础上，是原先封闭的庭院空间变的流畅通透，并使公共空间的组织更加秩序化，为人们提供更多的交流场所，因此采用层层退台式的建筑形式并使其半围合成一个院落建筑底部半数架空，供停车和通行，楼上的露台则连成一个空中的立体街区。

教师点评：

本方案的出发点是创造一个更方便、更易于交流的居住场所。设计者采用了退台式的住宅形式，并通过丰富多变的交通组织和仿照传统街道空间而设立的空中街道，在楼上部分创造了一个空间变化丰富的"空中的立体街区"。

在重点考虑了户外交流空间的同时，本方案也对小户型住宅进行了思考，为不同家庭结构的使用者提供了不同的户型。但稍显遗憾的是，由于大量的使用了空中街道（平台），住宅的私密性受到了一定的影响。

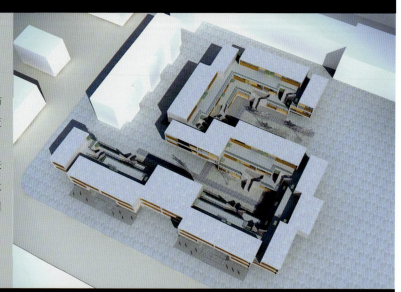

Urban Housing Design

学生 04级建筑系 李博
指导老师： 何崴

集合住宅设计————立体街区

各层户型与户型组合

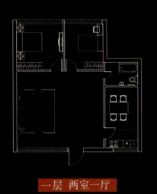
一层 两室一厅

二层 一室一厅

二层 一室一厅

二层 两室一厅

二层 一室一厅

三层 一室一厅

三层 一室一厅

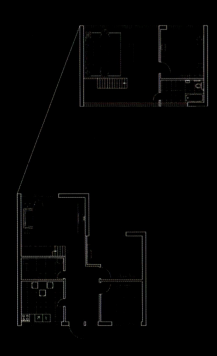

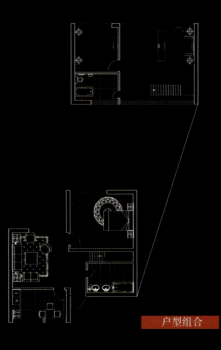

户型组合

Urban Housing Design

学生 04级建筑系 李博
指导老师：何崴

集合住宅设计————立体街区

一层平面

二层平面

Urban Housing Design

学生 04级建筑系 李博
指导老师：何崴

集合住宅设计————立体街区

三层平面

剖面1-1

剖面2-2

Urban Housing Design

学生 04级建筑系 李博

指导老师：何崴

集合住宅设计　　指导老师：何崴　学生：谌喜民

总平面图

教师点评：

方案伊始，设计者就对住宅排列的方式作了研究，并最终选择了错位的排列方式，从而获得了更多的重组可能性。（对位排列有4种，错位排列有6种）此外，把小户型夹杂排列在大户型之间也同样可以产生更多的户型组合可能性。基于这两点，设计者创造了一组在垂直空间上与众不同的复式住宅。值得注意的是，组成这些大户型的基本个体都符合90m²政策。在立面和室外空间的处理上，本方案使用了木材与混凝土的组合，显得有人情味。屋顶的处理也有自己的特点，连续转折的木质屋顶，既和周边原有建筑相吻合，又富于现代感。

采用原有简直轮廓线，以吻合基地建筑肌理，并且不破坏原有的空间秩序。

基地南侧为城市支干道，西侧为原有小区主入口，东侧为小区主路，北侧为居住建筑群。

基层抬起1.050m，以减弱临近喧嚣环境的干扰，增加院落的安静，同时满足临街商铺需要将净高较大的空间，再而为半地下停车场让出部分空间。

小院落的西南郊挖开作为入口之，激活院落，使曲折的院落在空间和视线上得以贯通，从而促进小区内居民活动的交织，为居住着创造交流的机会。东南端原为开敞入口，然而视线并不舒适，于是将两个院子东南角相连，以连纤为轴线，向两边延展，这样最为封闭的大院落的东南角也获得了流畅的视线和通透的空间，交通亦更为方便。

临街的首层为居住和商用混合的商业空间，居住空间与商业空间据情况不同可以互相转让，以提高利用率，西侧为公共活动室，透明的玻璃盒子成为大院落和小院落视线上和空间上联系的过渡空间。

原小区主入口被挖开和抬起，挖下去的部分作为停车库的入口坡道，抬起的部分同时使用两个院落和外界联系起来。

沿着木质铺装得缓缓的坡道行走，能看到活动室的情形，并透过活动室观察到院子里面发生的事。

首层平面图

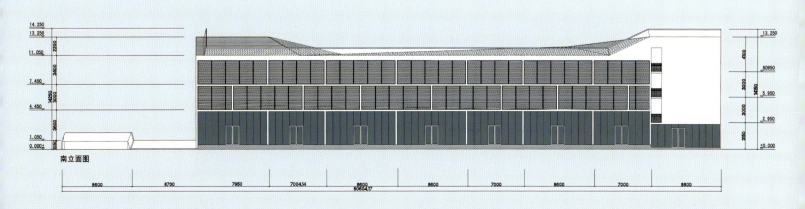

南立面图

集合住宅设计　　指导老师：何崴　　学生：谌喜民

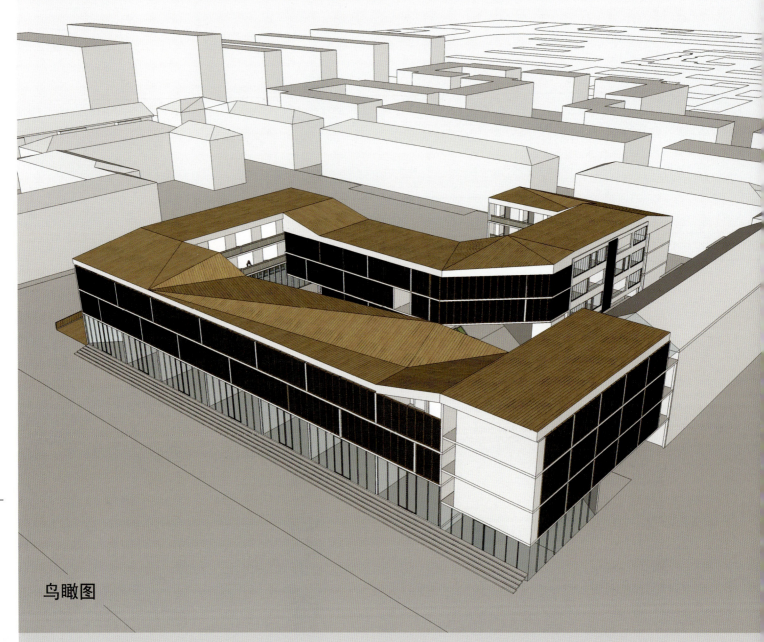

鸟瞰图

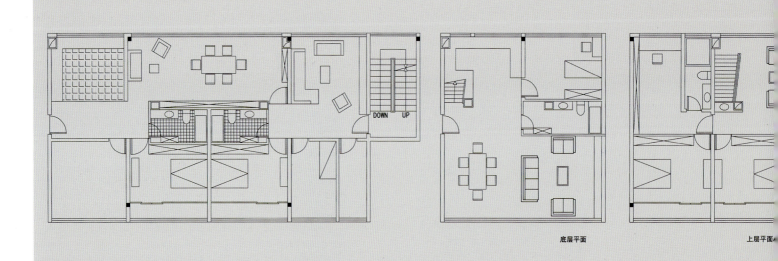

底层平面　　　上层平面

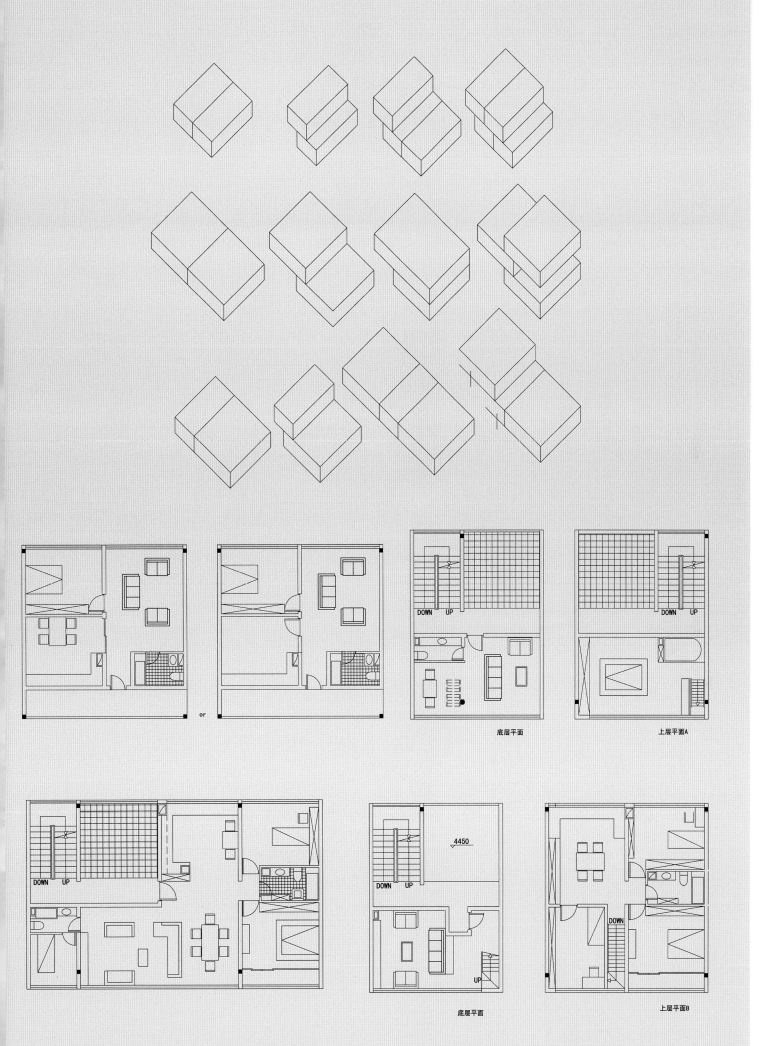

底层平面　　上层平面A

底层平面　　上层平面B

集合住宅设计　指导老师：何崴　学生：谌喜民

一个人一生的生活环境随着时间的推移而改变,作为企事业和生活的策源地的住宅,必然与之紧密相关.由于 经济和交通的飞速发展,人们的居住方式已不是固定的,而更加趋于一种游离的状态,并且随时间的改变而改变. 因而,固定不变的住宅,只短期内满足使用者的需求,当他的生活再次发生变化,其当前的居住现状固然需要作出反应. 其变化如此之快如此之频繁使得许多固定不变的的建筑无法招架. 那么,提高建筑更新的速度和对使用者反映的敏感度是我们所要解决的. 加之国家出台的相关规定,又提供一个契机来研究这种快速反应的"高效率住宅".

户型组合原则：

灵活性——最大限度地满足住户改变现状住房面积的需求,为其将来的改造提供便利.

多样性——能够在有限的空间条件下,使得户型有各种变化的可能.

经济性——权衡住宅面积与卖方经济承受能力的关系.

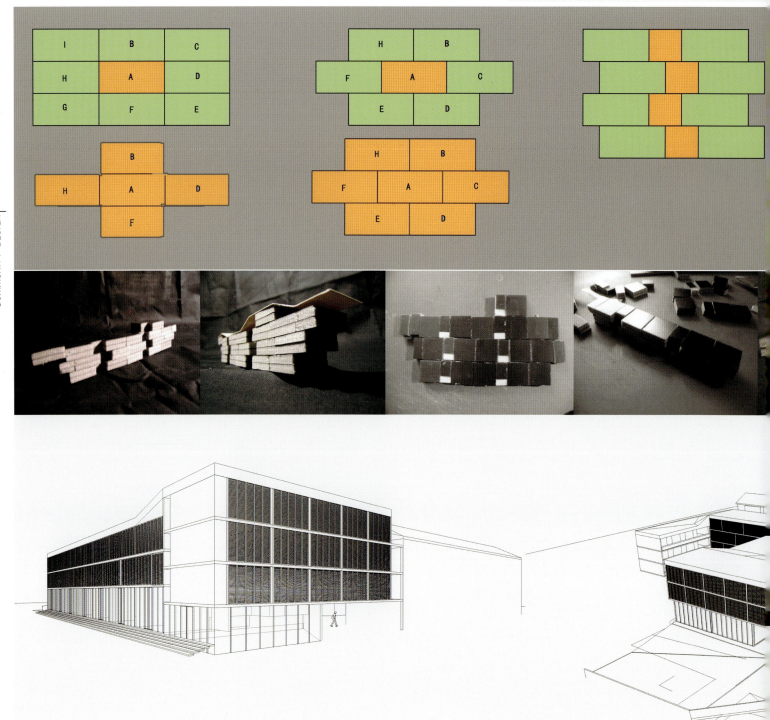

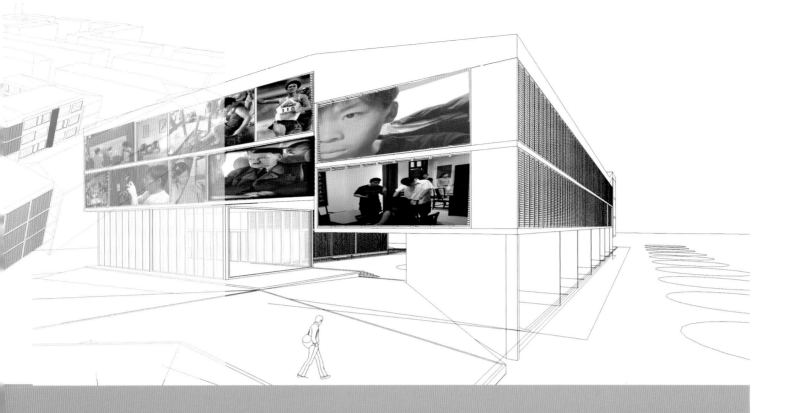

图上每个格子代表一个住户,它们组合起来————以竖向排列的方式
第一种住户以A为例,只能合作有上下四户组合,而第二种排列方式
允许选择周围六户.,显然提供了多种组合方式。
将大户型与小户型相结合,小户型诶与两个大户型之间,起到一个
过渡性的作用,小户型的加入给使用者更多的选择。

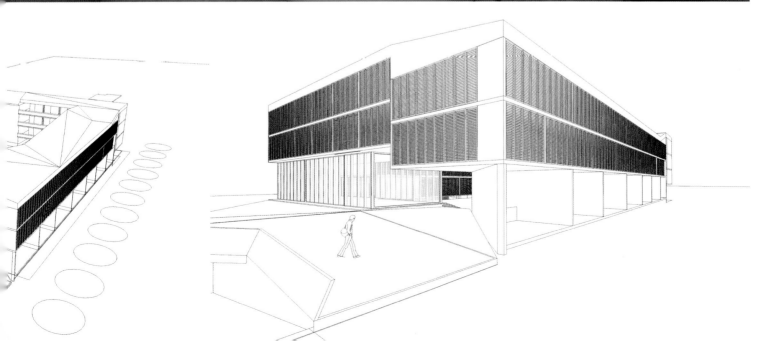

Multiple Dwelling

集合住宅设计 学生：04建筑 申佳鑫 指导教师：丘志

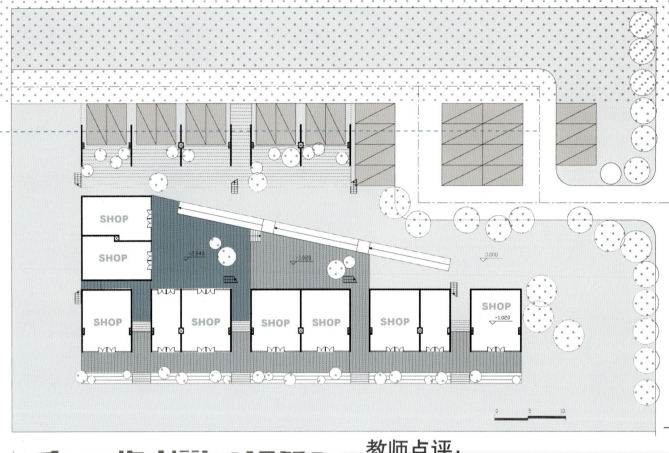

一层平面图

教师点评：

有别于原来单一的住宅形态，本方案强调了住宅类型和使用功能的多样性混合性：平层住宅、复式住宅，以及贯穿3层可作为办公室使用的特殊住宅分位于新建住宅楼的不同位置；在首层增添了小区缺少的小型商店和停车位，使建筑在功能上呈现出一种混合性，且更加人性化。此外，在复式住宅部分，利相同了功能分区逻辑，为在垂直方向重新组合户型提供了便利条件。

遗憾的是本方案中部分户型的厨房需要从走廊采光，在使用上有一定的舒适性。

基地位于百万庄小区的卯区东南角，是一块U型的地形，分析基地所处的交通环境和小区的现状，得出以下三点

A 沿街方向，住宅的底层可以用作商业，交通便利。
B 与原有住宅关系，尽量融入原有小区，可通过公共空间与之联系，朝向院内的一侧布置停车。
C 新住宅内部空间关系，塑造内院的围合感，通过地上和地下两个院落达到。

Multiple Dwelling ichnography

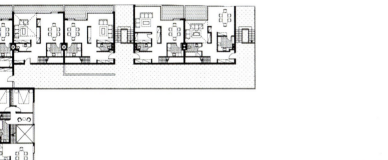

二层平面图

三层平面图

户型功能分区

A： 管井位于户型中线位置，卫生间，浴室，厨房等用水空间依次布置在管井周围。

B： 卧室，书房等空间与客厅，餐厅等分开，由辅助性房间自然分割，复式住宅分层。

四层平面图

Multiple Dwelling

STYLE

平层户型

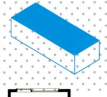

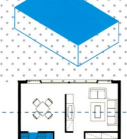

平层户型位于住宅的二层，有57m²和90m²两种户型，由于管井位于住宅平面的中间位置，客厅和卧室被用水空间（厨房，卫生间等）自然分隔，动静分离。考虑到内院的影响，选择将客厅面向内院，所以可以将户型延管井镜像。

复式户型

复式户型位于住宅的三，四层，110m²～130m²八种户型，入口所在的复式住宅一层集中布置厨房，餐厅，客厅等功能空间，二层主要是卧室，工作室（书房）等。户型的布置原理相同，所以不同的三层平面可以和不同的四层进行组合，产生更多的户型的可能性，可以满足不同业主对于面积，功能和朝向上的要求。

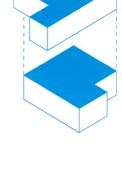

特殊户型

特殊户型位于住宅中央位置，面积约180m²，环形组织空间为了解决朝向问题，每户住宅分3层，分布在每个朝向上，辅助空间围绕管井集中排列。这种具有核心筒的住宅可以较灵活的布置空间，所以有可能作为办公空间利用。

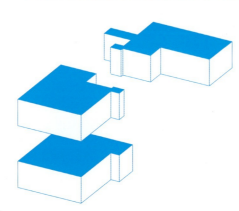

Multiple Dwelling

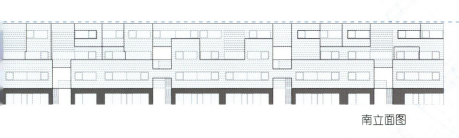

南立面图

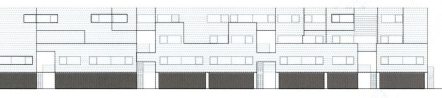

北立面图

交通路线分析

居民需要先进入院子，然后沿着院内的楼梯进入室内，强调院子的存在性。

楼梯间与平台相结合，可以在上楼过程欣赏院内院外的风景。

坡道引向下沉院落。

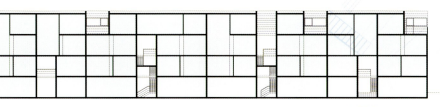

剖面图一

西立面图

剖面图二

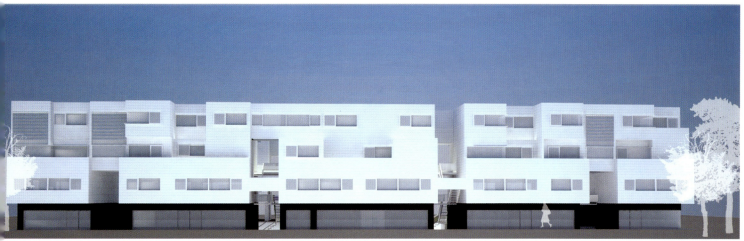

少些喧哗，多些变化
——上海万科深蓝别墅
Less Vociferation, More Transformation
Shanghai Vanke Deep-blue Townhouse

王崎 艾侠 Wang Yu and Ai Xia

项目地址：上海市浦东新区民春路、民雷路口
设计时间：2005～2006年
建成时间：2007年
用地面积：59000m²
建筑面积：32000m²
容积率：0.41
居住户数：约70户
建筑设计：CCDI居住建筑事业部
结构设计：CCDI结构事业部
机电设计：CCDI机电事业部
建筑摄影：傅兴摄影工作室

[摘要] 万科深蓝项目为蓝山小城二期地块。在成功设计一期的基础上，设计师进一步思考土地价值的最大利用，以及住区院落布局上的一些问题，特别是公共空间对别墅群落的积极作用。在建筑单体的平面组合上，建筑师着重考虑了户型之间的拼合关系，由此带来最大程度的共享面积，以及别墅内外空间的良好渗透，并以此切合"城市新兴中产阶级"的居住需求。

[关键词] 空间品质、深蓝、四拼别墅、院落共享、空间品质

Abstract: Shanghai Vanke Deep-blue Townhouse is the second phase of the successful Blue-Mountain Community. Architects considered a lot on the plot value and the group-arrangement of townhouses. The planning idea is to improve the value through designing the interlaced alley and the central public area, which is based on the surrounding constructed community. The plan of 4-unit Combined Townhouse is a creative design which brings a maximized courtyard and interactive spatial quality. Therefore, the townhouse matches the effect of single-family house, and meets the requirement of new-bourgeois of metropolis.

Keywords: Deep-blue, 4-unit Combined Townhouse, Shared courtyard, Spatial Quality

一、项目背景——设计要求的微妙转变

近年来，中国房地产已经出现从"粗犷式扩张"向"集约式开发"的良性转变。开发单位在考虑售价、容积率、建造周期的同时，也在与设计机构共同思考如何从土地价值、建筑空间方面实现居住品质的突破，建筑师也由此与他们的业主一起承担了更多的社会责任。新近建成的上海万科深蓝别墅，从一个侧面反映了这样一种积极的实践。

CCDI与万科集团自2003年起，已成功合作完成了上海蓝山小城（Blue Mountain）一期工程，现今的万科蓝山已经是上海近郊知名的高档社区。在此基础上，万科对二期地块别墅设计的要求，不仅限于户型和景观，而是试图从组团关系的层面实现新的突破。在设计方面，如何强调每套住宅的独立性，又重视营造融洽的邻里氛围？如何在有

限的土地面积下改进传统的联排别墅空间形式，让它们更具有"独幢感"？这些都是设计师重点考虑的问题。

二、社区规划——在一期的基础上提升品质

蓝山小城一期的成功设计，以及它在客户心目中先入为主的影响，决定了二期区域的深蓝别墅区在规划上必须充分尊重一期已有的肌理，并将其延续成为二期的规划设计语言。为此，设计师重点分析了道路系统和连接一期、二期的社区节点空间。并由此演绎出整体总平面布局。

在具体规划设计中，设计师从"土地价值"和"道路系统"入手，在地块周边布置联排别墅，在地块中心布置独幢别墅；通过设置7m宽的U形主干道，在小区东部和北部开设主入口，再配以6m宽的环状次干道，使深蓝项目与一期蓝山有较好的接口，同时也将街区尺度控制在宜人的范围。U形干道弯曲形成的社区公共节点是规划中的趣味空间，设计师将其演绎成过渡一期、二期的公共服务区域，由此加强人群可能的聚集性，为两个地块的住户创造互动空间。

土地价值分析图

道路系统分析图

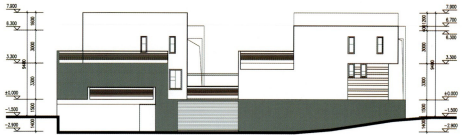

四拼别墅 东立面

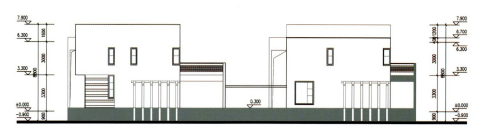

四拼别墅 西立面

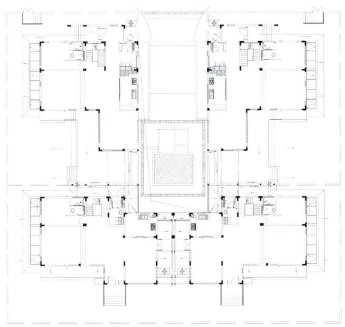

四拼别墅一层平面

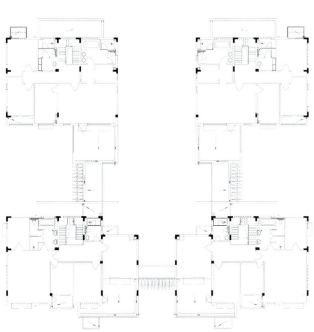

四拼别墅二层平面

三、联排别墅——变化和创新

在该项目的建筑设计中，非常值得一提的是联排别墅在建筑组团和单体形式上的大胆创新。

与传统意义的连排别墅不同，万科深蓝项目推出了国内罕见的"四户围合式院落组团"的形式。这一设计的出发点是一个非常实际的问题："串联型"联排别墅在市场上是已经太多，如何在有限的地块环境下改进传统的空间形式，让"联排"具有"独幢"的品质，从而为住户提供更好的居住享受？于是，建筑师和业主万科一同研究了十多种可能的布局形式，将需要私密的空间尽量拆分，将可以共享的空间（例如停车庭院）尽量集中，几经变化，诞生了现在这种布局形式。

经过精密的计算，"四户围合"的布局形式可以将土地利用率提高大约10%。除了每户独家享用的入口和草坪花园外，半下沉式的中心庭园则是另一个出入共享的开放空间，为邻里交往提供了很多可能。组团之间用浓密的灌木围护成情趣盎然的归家小径，在提升品质的同时也有效地控制了建筑间距。

建筑单体还有两处比较成功的细节设计。在相邻户型的衔接处，建筑师利用高矮墙围合、开设洞口等手法，营造"邻里向望，互动而私密"的空间效果，而位于独享庭院一侧的天窗可将阳光与竹影斑驳投射到地下室内，也耐人品味。

四、形式的背后——面向"城市新兴中产阶级"的解决方案

与空间的丰富变化相比，万科深蓝的建筑立面却相对朴实简洁，不求哗众取宠的热闹，但求远离喧嚣的宁静。

这样的作品,最初的印象不一定能给人"豪华感",但随着居住活动的渗入,那一份高雅和尊贵,必然随着岁月而彰显。

归根结底,新的建筑形式需要客户去实践和验证。或者说,如果缺乏真实客户的空间需求,建筑形式也只能虚无。从市场的角度分析,最终促使CCDI与万科确定"四合"别墅的方案,是源于我们对"城市新兴中产阶级"的客户界定。

在上海这样的国际化大都市,新一代的城市贵族在很大程度上是有着高学历和高职位的"城市移民",他们在繁忙的工作压力之下,有着渴望宁静舒适的居住追求。与其追求财富的聚敛,他们更加注重当下生活的品质。因此,蓝山社区不以财富为衡量阶层的标准,而提倡住户间共同的兴趣和价值观,实践关于"居住"的共同理想。这就直接促使我们在建筑设计中,充分注重邻里空间,提供分享品味、分享成功喜悦的可能性。

所以,我们理解的住区设计,实质上是一个"面对目标客户需求的综合解决方案"。

五、结语

作为万科浦东唯一纯别墅产品,万科深蓝备受市场瞩目。自推出伊始,成交便位居上海别墅销售榜前列。在充分研究地块价值的基础上,建筑师成功地创造了新型的联排别墅空间形式,并以此切合了目标客户"城市新兴中产阶级"的居住消费需求。该项目的设计手法和思考原则,可以为类似产品提供有益的借鉴和参考价值。

作者单位:CCDI(中建国际设计)

异域风情 典雅生活
——浅析"北京龙湖·滟澜山"景观设计

Exotic atmosphere and elegant life
The landscape design of Rose and Ginkgo Villa

北京源树景观规划设计事务所 R-Land

[摘要] 以意大利托斯卡纳的田园风光为蓝本，加以多元化的园林设计手法，将"滟澜山"营造出韵味十足的异域风格；充分利用北方植物种类的自身生态特点，运用南方园林的种植手法，创造出不同的空间特点；软质景观和硬质景观的超常规比例运用使楼盘突出了家的温馨感，增强了住宅的私密性，从而提高了楼盘的自身价值。

[关键词] 典雅、异域风情、托斯卡纳、和谐自然、植物绿化

Abstract: *Inspired by the landscape of Toscana, integrating multiple garden design styles, Rose and Ginkgo Villa has created an exotic atmosphere with rich flavors. With careful consideration of ecological features of western China, borrowing plantation methods of south China gardening, the spatial characters are diversified. A disproportionate combination of hard landscape and soft landscape makes the feeling of home prominent, enhances privacy and increases the value of the project.*

Keywords: *elegance, exotic atmosphere, Toscana, harmonious nature, plantation*

"北京龙湖·滟澜山"位于顺义区后沙峪中央别墅区内，周边别墅众多，因此突出楼盘的特色、提升楼盘价值成为设计过程中的关键所在。

一、项目概述

"北京龙湖·滟澜山"项目位于顺义区后沙峪温榆河畔的中央别墅区内，作为北京国际化氛围最浓郁的别墅居住区，10年的沉淀，意味着成熟。项目总用地364亩，约24万m^2，其中公园用地面积约5.2万m^2，实体样板区景观用地面积约为16847m^2，规划总建筑面积约19万m^2，总户数约430户。项目景观规划呈现地中海风格，包含西班牙式及意大利式多种园林风格。尽管别墅生活一直在自然景观和城市体系中暗含着某种矛盾，但是"北京龙湖·滟澜山"基于对客户心理的把握和区域特征的解读，凭借温榆河、80亩体育公园、小区中庭景观、组团公共景观、私家花园景观等五重景观，通过质朴的浪漫、厚重的热情、优越的地理环境，在北京中央别墅区以一种和谐自然、气质典雅、格调浪漫的国际生活品质来提升楼盘自身的价值。

二、设计原则

"北京龙湖·滟澜山"景观设计初期，通过与开发商的沟通，深知其对园林绿化的重视度，并希望此项目可以营造一种意大利托斯卡纳的整体风格，突出楼盘主题——"银杏与蔷薇的院子"。设计过程中通过院落空间的划分将空间利用率达到最大，充分营造异域氛围，并将绿化最大化以满足业主对自然环境的寄托感。

景观设计力求把大自然的优美、田园乡土感觉和优雅的生活氛围与建筑风格相协调。在综合考虑北方园林营造条件的基础上突出了对自然化景观的表现和对细部节

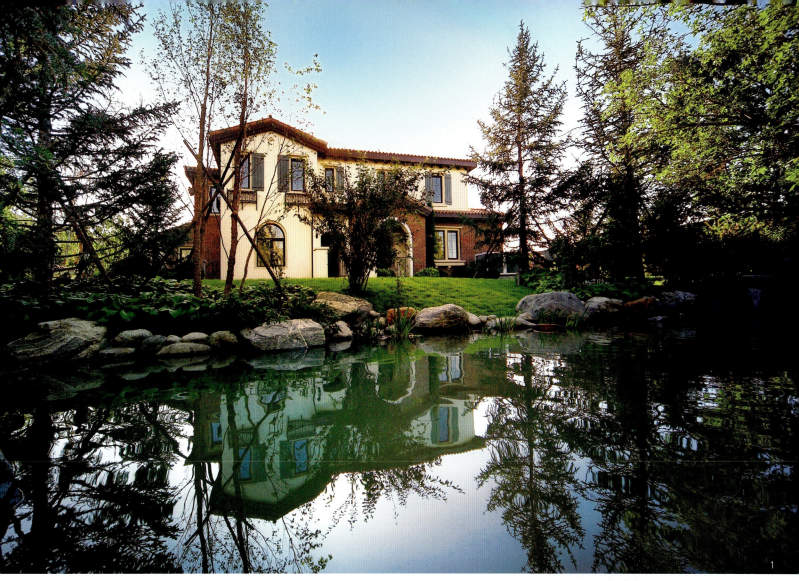

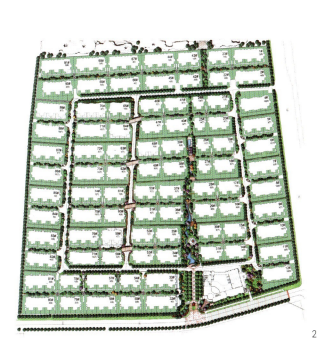

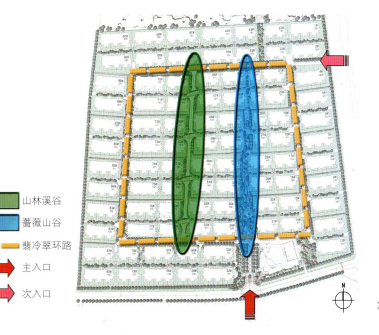

1. "北京龙湖·滟澜山"中央水系驳岸绿化
2. "北京龙湖·滟澜山"总平面
3. "北京龙湖·滟澜山"景观体系

山林溪谷
蔷薇山谷
翡冷翠环路
主入口
次入口

4.西环路东侧挡土墙立面

点的深度刻画。力求通过不同的植物材料(大树及地被)与铺装材料的搭配将人们带回意大利托斯卡纳辉煌的文艺复兴年代。

托斯卡纳是人们逃避世界,寻找灵感,休憩身心的圣地。在这里,上帝得心应手地把大自然的优美、乡土感觉和优雅的生活融合在一起。托斯卡纳区位于意大利中西部,面积近23000km²,行政区首府为艺术文化古城佛罗伦萨。意大利托斯卡纳地区以田园式的园林风格闻名世界,线条柔美起伏的山丘,葡萄园、橄榄树、挺拔的铅笔柏是当地的特色,设计过程中我们传承了其营造氛围的精髓,采用了与托斯卡纳地区树种相似相近的乡土树种,模仿托斯卡纳特有的自然种植搭配方式进行设计,使庭院更富艺术灵感,以此来更好地诠释出托斯卡纳的内涵。

在设计过程中我们依据别墅区内高低起伏的坡地营造出意大利风格庭院,在注重与周边环境自然融合的整体对称性同时,通过园林小品的巧妙布置,将蔷薇花的历史内涵点点渗透。整个庭院在银杏环围与蔷薇的点染中别具魅力。

庭院以绿植与硬铺9:1的比例,以地被、小花灌木、小灌木、大花灌木以及乔木,形成四季葱茏的五重景致。同时,通过土壤的改良以及树木的全冠移植法,使小区种植的大树仿佛早已生长于此,让生活在这里的人预享10年之后的园林景致。

空间尺度变化的处理是"北京龙湖·滟澜山"设计成功的一个亮点,植物的不同搭配突显出空间特色与性质。通过众多变化丰富的小尺度空间使人们感受到社区内亲切舒适的环境。

三、景观体系

设计过程中充分利用规划设计中的地势与高差,形成了"一环两带"的景观体系,此体系以托斯卡纳纯美的自然风光为蓝本,突出了"鲜花"、"溪涧"、"山谷"等景观元素,形成了"翡冷翠环路"(一环)、"山林溪谷"(一带)、"蔷薇山谷"(一带)等具有典型托斯卡纳风格的景观区域。希望将"滟澜山"别墅区渲染成一处浪漫迷人的魅力家园。

一环(翡冷翠环路):在意大利语中Firenze意味"百花之城",大诗人徐志摩把它译作"翡冷翠",这个译名远远比另一个译名"佛罗伦

6.环路两侧的法国梧桐树

5.环路两侧的法桐树

萨"来得更富诗意,更多色彩,也更符合古城的气质。

环路将整个别墅区的交通联系起来,石头等天然材质将托斯卡纳的温暖表现出来,丰富的材质肌理则将这种风格发扬光大。壁饰、铁艺、百叶窗和阳台,尤其是爬满藤蔓的墙在温暖的金色调中寻找一种斑驳不均的颜色。

两带:

蔷薇山谷:"涟澜山"中有一处布满蔷薇的山谷,是南北车行交通的重要组成部分。为了使人们在安全驾驶的同时同样感受到大自然的氛围和蔷薇花淡淡的幽香,道路设计比直,整体景观设计简单大气。景观尺度,观景视线均以人在车中的高度进行了设计。像环路一样,壁饰、铁艺、百叶窗和阳台的元素在这里得到了延续。同时爬满藤蔓的墙体在这里成为了主角。细部的处理十分细腻,使景观在大气之中不失精致感。

山林溪谷(中央水系):中央水系处理成山谷的自然溪流景观,并以乔灌草和水生植物结合的种植方式丰富立面层次,增加景深,彰显出一种悠远的意境。沿岸选择银杏、云杉、丛生元宝枫等大乔木植物,银杏的应用在与入口有所呼应的同时,也丰富了高度上的层次变化,利用少量种类的地被植物衬底,使得整体风格精致之中不失北方园林的大气。作为南北步行交通的重要通道,沿途的景观以人视点高度和行走速度为依据展开设计,步移景异、蜿蜒曲折的道路增添了许多的情趣。

四、各节点设计要点

1.市政道路与入口绿化

与其他楼盘略有不同的是,周边道路绿化作为楼盘的一部分进行了设计处理,营造出与周边环境不同的氛围,小区外舒展的雪松与单色花卉组成的花钵阵列突出楼盘的尊贵感,以庄严的仪仗与礼遇迎候业主们每日的生活。

入口处的LOGO墙在雪松和凤仙花的衬托下十分醒目,同时大面积粉色的凤仙花和淡黄色的LOGO墙在色彩的搭配上也显得十分协调,烘托出一种阳光、亲切、温馨的情调。

7.改造后水系

8. 主入口的雪松迎候业主每日的生活
9. 会所入口前一对铅笔柏强调了托斯卡纳的氛围
10. 弧形墙和雪松营造出恬淡的异域风情
11. 别墅间以植物代替围栏，异国风味十足

2. 入口礼仪空间

为了延续市政道路的尊贵感，在入口的礼仪空间处，采用了双排姿态优美的银杏树作为行道树，竖线条的立面构图配以远处的中央水系，形成了美丽的框景效果，同时道路两侧配合水景和花钵增加了景观效果，也丰富了入口部分的景观色彩。道路西侧靠近别墅庭院的位置增加了种植密度，使层次在达到一个较强的景深效果的同时又增加了别墅庭院的私密性。道路东侧邻近会所入口（所有的入口）处均种植了一对铅笔柏，充分展示出托斯卡纳的风格特点。

3. 会所周边

会所北边的绿地为样板区展示空间，充分展示托斯卡纳地区的自然景观特点，设计之初开发商提出要充分考虑"银杏与蔷薇的院子"这一主体核心同时控制较低的造价。基于以上几点，我们展开了设计工作，以单一的树种和灌木配以米黄色的弧形墙、深色的砾石与地形。曲线形的矮墙既是一道风景，同时起到了划分空间的功能作用。在植物种植上，利用成片的毛白杨将会所边界围挡遮蔽的同时，提供了空间的背景，使其产生了深远的感觉。孤植的庭院树加大了空间的开阔度和深度，高大的雪松与大片绿地营造出恬淡的异域风情，单色的月季花软化了弧形墙，同时增加了颜色的变化和空间的纯净度。

4. 组团间小空间绿化

组团景观和私家花园是体现居住生活氛围的区域，设计通过地形与植栽的处理，将该区域与公共环境部分分割过渡，形成了安静舒适的居住氛围。景观设计非常注重细部尺度的处理，通过铺地材料的变化、丰富的植栽空间处理以及细致的小品布置，为未来者勾勒出居住生活的完美画卷。

组团间以人们的使用为主，少量的大乔木丰富空间层次，而采用了众多的云杉、丁香、锦带之类的小乔木和大叶黄杨之类的灌木围合空间，增加了别墅南院的私密性，以此代替了分隔院落的围栏，以绿化代替了硬质景观，使亲近自然的感觉更加强烈。

别墅北院为公共绿地，除了乔灌草的合理搭配丰富景观层次外，在入口处我们再次采用了在会所门前使用过的铅笔柏。优美的竖线条软化了入口处的建筑死角，同时再次突出托斯卡纳的特色。

乔木的选择上我们运用了五角枫、玉兰、紫叶李、柿子树等树种丰富季相色彩、活跃空间气氛。灌木上考虑到为业主们提供一种温馨感而采用了丁香、珍珠梅、紫薇等花树，充分调动人们的感官。在实体样板间区域内，组团间运用了大量的草花用以达到样板间所需要的最快最好的效果，同时加大了种植的密度使其形成整体大气的效果。

五、结语

"北京龙湖·滟澜山"的成功是开发商、施工方和"北京源树景观"共同努力的结果。此篇文章只是浅显地说明了"北京龙湖·滟澜山"的景观设计经验，以便同行交流切磋。

*图片提供：北京龙湖置业有限公司
*北京源树景观规划设计事务所供稿

2008年5月,在深圳尺度公司主办的第五届"尺度地产论坛"上,中国房地产及住宅研究会副会长顾云昌从美国的次贷危机入手,深刻剖析和阐述了前段时期楼市泡沫产生的根源和作用机制,探讨了当前房地产市场面临的问题与未来的发展动向,并对房地产开发商如何应对和调整以适应市场形势的变化给出了明确可行的建议。本文对顾会长的演讲内容进行了整理,以飨读者。

楼市调控与品质地产
Market control and quality estate

顾云昌 Gu Yunchang

一、次贷!泡沫!调控!

美国的次贷危机是众所周知的,对其发展态势大家都比较关注。据我所知,目前次贷的增量已经没有了,但是对整个美国的经济乃至全世界的经济产生的影响现在远远没有结束。美国是一个金融创新的国家,其金融体系是比较完善的,特别是二级市场的发展,令人称道。美国的次贷其实就是一个金融创新的产品,是金融与房地产结合的产物,大概在80年代就已经产生,但是一直发展得很慢,直到"9.11"事件以后,次贷开始迅速发展。一方面是银行放松了对次贷的监管,另一方面是当时美国的经济需要起飞,而房地产市场又是和整个金融市场息息相关的,因此美国采取了低利率的货币政策。在经济处于低潮的时候,如果要拉动经济增长,降息是最好的手段,既鼓励消费的扩大,又刺激投资的增长。因此,在低利率时代,借贷的资金成本下降,房地产市场就有了更大的发展空间,其发展便会非常迅速。此时,一些抵押贷款公司发现抵押贷款具有广阔的市场空间,因此针对还款能力不高的人士推出了"次贷"产品。按照还款能力,次贷的客户可以分为优级的、次优级的、次级的。在当时,即使没有钱,没有工作,甚至没有可用于抵押的资产,抵押贷款公司都可以发放贷款。

在当时美国经济不景气、房地产市场比较疲软的情况下,由于贷款的利率很低,促使许多人进入房地产市场买房,这就使得美国的房地产市场需求快速增长起来,规模发展得十分迅速。从表面上来看这是好事,贷款公司有业务可做了,没钱的人也解决了住房问题,美国的经济也开始发展了,一切都很完美。但好景不长,到了2007年的2、3月份,次贷引起的问题开始暴露出来了。美国的房地产市场与中国不同,我们80%是一手房,他们的95%是二手房,也就是说,美国是一个二手房为主导的市场,换手率非常高。从2004、2005年开始,美国的房地产开始走热,到了2006年更热。由于房地产市场的过热引起了整个经济的过热，美国便开始采取措施进行控制，格林斯潘曾经连续25次降息，从6.5%降到了1%，然后又开始升息，一直升到了5.25%。随着利率的提升，房地产市场的热度降低，交易量减少，房价开始趋向平稳甚至下跌。这使很多人的房产变为负资产，而且很多人已经无力还贷，只好任由抵押公司把房子收走，但由于此时房子的净值已经小于贷款额，抵押公司蒙受了很大损失。

美国的次贷危机到现在还没有结束，因为其次贷是证券化的，抵押贷款公司把抵押贷款通过打包的方式卖给投资公司、投资银行、基金公司等。经过评估公司的评估，这些"包"分为好一点的、差一点的和最差的，越是差的包利率越高买得越多，承担的风险就越大。次贷危机出现以后，许多投资银行、基金会的损失惨重，从而造成了整个金融市场的动荡。根据我了解到的数据，现在美国的房价同比下跌了13%和11%，有的城市跌得多一点。可以说，正是这样的房地产市场拖累了整个美国的金融和经济。原因是什么？我们应该从中吸取什么教训？得到什么启示？如何防止楼市泡沫的吹大和破灭？

在我看来，房地产市场出现泡沫不奇怪，相反，如果房地产市场上没有泡沫出现倒奇怪了，这是由房地产市场自身的特点所决定的。房地产有两重属性，一是消费品的属性，一是投资品的属性。正是这双重属性，导致了房地产市场出现泡沫的可能性。尤其是投资品的特性，使房地产市场出现泡沫的可能性更大。深圳的媒体报道，深圳的房地产市场在半年以内换手率达到30%，很多楼盘都在70%以上，这就是支撑泡沫的主要原因。关于泡沫的定义，我个人理解，就是资产价格的虚涨，也就是价格脱离了实际价值。房地产市场很容易出现这样的情形，所以很容易产生泡沫。但是，泡沫有小、中、大，甚至特大之分。产生中、小泡沫的时候问题不大，可以通过挤压和吸收来解决，而一旦到了特大泡沫的时候往往只有破灭这一条路，所以我们要防止泡沫吹大，更要防止泡沫破灭。

过去亚洲一些国家和地区房地产泡沫的产生和破灭给这些地区带来了很大的影响。香港大学曾经研究过香港房地产泡沫，得出的结论是其破灭后香港的房价跌了68%，现在香港的房价还没有恢复到1997年的水平。而台湾的楼市到现在还不是很景气，房地产业的日子很不好过。日本的楼价同样也还没有恢复到破灭以前的水平，而且在1991年以后的大概10几年当中，日本的经济始终处在低迷状态。据报纸上刊载的文章说，深圳现在也有"深度套牢"和"浅度套牢"的情形了。

如何防止房地产泡沫的吹大和破灭，始终是一个城市、国家乃至世界范围的重要任务。自去年开始，我国的一些城市，以深圳为代表，房价急速上涨，泡沫被不断吹大。那么，是什么原因导致了泡沫的吹大和破灭？我们又应当如何应对？这需要从政府、行业、开发商、购房者等多角度、全方位地共同分析。从美国的情况来说，美国是一个高消费的国家，透支消费普遍，次贷便是一种透支消费，虚拟的、虚幻的金融导致了房地产的高增长、高需求，最后的泡沫破灭又使得需求减少。我国的央行对这一点认知很清楚，在美国次贷危机爆发之后，央行行长表示要严格控制贷款，加强对贷款人还款能力的审查和监管。另外，造成美国次贷危机的原因还有美国现有金融体系存在的信息不对称问题，到底次贷的包里面是什么东西，买包的人并不知道。所以，美国次贷危机暴露出来的问题给了我们教训和启示。有人说，中国不存在次贷，从表面上我认为是这样，我们的贷款没有等级之分，都是一样的，但实际上有很多次贷。因为我国的个人信用体系还没有建立起来，个人收入不透明，在借贷借钱时开的收入证明有很多都是虚假的。从这一点来说，我们的次贷问题还是很严重。很多贷款人的还贷能力远远不足，还贷额超过收入的一半以上，而国外都是30%。

前面是从金融角度来讲的，而泡沫吹大的直接原因在于投机者大规模进入房地产市场。那么，为什么前几年不进来，恰恰在2006、2007年深圳这么多的投机者都进来呢？而且为什么会在深圳发生，而不是在上海、西安、成都等其他城市发生？我认为有以下几个原因：首先，深圳的房地产市场比较活跃，发展得比较成熟。在深圳买房，四五十天就能把产权证办好，而像北京就不行，速度很慢，所以北京的房地产就炒不起来。其次，深圳的房价之所以上涨过快，是由于土地供不应求造成的。深圳的需求非常旺盛，甚至香港人也来买房，而且刚开始的需求大都是自住需求，但是深圳的土地供应跟不上，必然会导致房地产供应紧张。需求旺盛，供应又不足，导致了房价上涨，房价上涨必然会吸引投机者，这是产生泡沫的原始条件。

也就是说，真正要防止房地产市场泡沫的产生，除了前面所说的防止金融的推波助澜以外，房地产市场本身也要理顺供求关系，达到供求的相对平衡，包括保持土地供应的总量与节奏等。2007年全国房价涨得最快的两个城市是深圳和北京。北京在2006年以前的3年当中，没有完成土地供应计划，从而导致了开发量的下降。2008年是奥运年，人们在投资的时候最先考虑的是买房，但土地供应量的限制、土地供应节奏的落后导致了整个房地产市场的供不应求，从而导致房价的上涨。所以，必须要防止房价大起大落，这是我们得到的经验、教训。楼市调控的目的并不像很多媒体宣称的那样，是为了抑制房价，打压房地产。我认为中国的宏观调控绝对不是要打压房地产，也不是要打压房价，更不是要打压房价上涨，而是打压房价的上涨过快，所以我曾经提出"房价慢慢涨，楼市年年旺"的说法。

在我们当前所处的经济快速发展、全面实现小康社会的时代，房价不涨是不现实的，但是房价涨得太快会产生危险，对于去年房价的疯涨，大家深有体会。一直以来宏观调控的目的都是稳定住房价格，从来不是为了降低住房价格。房地产市场的另外一个特点是地区差异。房地产是不动产，不能移动，因此决定了其区域的差异性，没有两个城市是一样的。中国的房地产市场还有一个很大的特点，即土地是由政府垄断的。所以，一个城市的楼市是不是健康，主要责任在地方政府如何把握土地的供应量，如何调控供应的节奏。因此，我们要调控楼市，就要从2007年出现的楼市快速上升和美国次贷危机中吸取教训。

二、拐点？波动？回归？

对于现在中国楼市出现的调整态势，应该怎么定义呢？是拐点、波动还是回归？我认为称之为"拐点"是不合适的。按照一般大众的理解，拐点的含义就是房价由升到降的临界点，这是一种大拐点。但还有一种拐点是房价增幅的拐点，比如去年的增幅是10%，今年是5%，算是一种小拐点。从个别城市来看，不排除出现第一种拐点的可能性，比如深圳和广州的房价的确是下跌了，而由深圳拉动的周边一些投资者追捧的城市，比如惠州和东莞等城市的房价也下降了。但从全国范围来看，我认为2008年出现第二种拐点的可能性比较大，出现大拐点的可能性不大。

这是从空间来看，拐点有大小之分。另外，从时间来看，"拐点"这个说法隐含的前提是房价持续上涨了一段时间，体现了一种方向上的趋向性和时间上的延续性。还有一种说法叫波动。在市场经济环境下，房地产市场受经济周期及供求关系的影响必然会出现波动，宏观调控的目的就是要控制波动，使其幅度小一些。对于从2007年第四季度开始到现在为止的楼市表现，我希望是波动，而不是拐点。因为相对于拐点来说，波幅小一点，时间短一点，波动过后就能够保持一个良好的发展态势。我认为在全国范围内出现波动的可能性很大，一些城市的楼市，比如北京、上海，现在能够看到一些回暖的表情，虽然深圳现在还在寒冬，但这只是不同城市楼市的表现不同。所以，其究竟是拐点还是波动，见仁见智。

另一种说法说现在实际上是楼市的回归——一种理性的回归。回顾去年，从二、三季度开始，全国的房地产市场出现了两种恐慌心理。一个是老百姓买房时的恐慌，不买怕未来涨，买了怕价格太贵，心理上恐慌；另一个是开发商买地时的恐慌，买地要天价，买和不买都是问题，而且开发商的恐慌程度高于买房者。这种恐慌性的买房、买地现象在中国出现，是一种令人担忧的局面。如果按照2007年的局势发展下去，未来房地产市场将走向何处，后果不堪设想。自去年开始，深圳等一些城市楼市的泡沫已经顶到了天花板，没有路可走了，这就是一种非常不理性的行为。房价上涨过快，把未来几年的上涨空间一下子透支掉了，价格远远脱离了价值。究其原因，我认为源头主要在于供应量和需求量的关系没把握好。第一，自住性需求持续旺盛。城市化、旧城改造必然会带来大量的自住需求。第二，投资性需求势不可当。投资者需要寻找更好的投资渠道。而在当前中国的经济环境下，货币政策的从紧、人民币升值的压力、国际热钱的流入、外汇储备的增加等一系列因素，使得投资者把目光转向楼市，投资性购房需求大幅增加，从而导致整个房地产市场出现问题。所以，我们的楼市需要回归理性，从高价位上回归，从不理性的行为上回归。现在全国楼市正处在一个供求关系的重要调整期，一个房价的高位盘整期，希望能够使房价通过这次调整稳定下来，用时间来换空间。所以，从这个意义上说，我希望现在是回归，回归到一种理性状态，价格回归理性，人们包括政府、开发商、购房者、以及各路媒体的行为也回归理性。

三、资金；品质；责任。

在当前的市场形势下，对于开发商如何应对和调整以适应市场形势的变化的建议，主要有以下三条：

第一，保护好资金链和现金流。2008年，由于销售回款放慢，银行贷款紧缩，上市阻力加大，中国的房地产业面临的最重要的问题是资金问题。其实中国的整个资金层面表现出来的仍是流动性过剩，中国的房地产市场概括起来是四个字——钱松地紧。中国现在开始闹粮荒，政府提出要保护耕地，还有工业发展、铁路建设等都需要用地，所以用于房地产开发的地是不多的，但是住房的需求量很大，这个矛盾将始终存在。所以如何充分利用存量土地，如何加强旧城改造，这必然成为房地产业今后将面临的重要问题。另外，还有一个问题需要研究，也一直没有得到解决，就是城乡建设用地的问题。一方面城市的建设用地越来越紧张，另一方面农村的闲置用地越来越多。如果能够通过合理、合法的手段把城乡土地供应的局面扭转过来，那么我们土地紧张的问题就能够得到解决，而且供应还会变得很充裕。因为农村人均的建设用地是城市人均建设用地的两倍。但是到目前为止，尚没有法律和政策依据可以扭转这一局面，所以地紧的问题依然存在。我认为资金问题非常重要，必须保护好资金链，该买地就买地，因为中国的市场需求很大，未来的需求还是很旺盛，而土地和建设用地却非常紧缺。所以，保卫好资金链、保护好现金流是房地产业的头等大事，不可等闲视之。

第二，大力提升产品品质。以上海为例，其楼市整体也面临成交低迷的局面，但是部分楼盘的房价还是在上涨，而且卖得比较好。仔细分析来看，这些楼盘的性价比较高，产品的差异化体现得比较好，比较符合市场需求。也就是说，在当前的市场环境下，开发商一定要在产品品质上大做文章。要做到项目不受宏观调控的影响，企业不受宏观调控的影响，关键还是要大力提升产品品质，做到差异化，才能立于不败之地。几年以前，大家都认为广州、深圳楼盘的品质很好，但那时候是供大于求的市场，而这两年品质提升的速度大大放慢，因为市场好了，需求旺盛了，企业往往就忽略了品质的提升，这对行业的发展也是不利的。所以，从另一种意义上讲，供大于求的市场才是好市场，这时的开发商才会更加自觉地做好品质。那么，在目前90/70的政策下，品质要怎么做好呢？可以以香港为借鉴。香港的房子面积一般都很小，但是他们做得比较精细，事实上面积越小对设计功力的考验就越大。除了设计之外，更要注重的是现在中央提出来的绿色发展、节能环保等方面。所以，在讲到品质的时候，一定要注意品质的内涵。

第三，积极履行对消费者的承诺和责任。买房子和买菜、买衣服不同，房子还没有出土，光看图纸就要下单，还必须一次性付清首付，贷款也很难，建好的房子还不一定能符合消费者的要求，也许还有质量问题。所以，房地产行业的责任就体现在这里，就是必须保证产品的质量和品质，必须兑现对购房者的承诺，把房价稳定下来，这是开发商最起码的责任，也是必须承担的责任。

作者单位：中国房地产及住宅研究会

莫为浮云遮望眼
——"限价房"引发的住房保障问题思考
Long-term consideration not to be dodged
Reflections on welfare housing induced by price-regulated housing

刘力 邹毅 *Liu Li and Zou Yi*

过去的2007年,关于"住房保障"和"民生"的话题成为房地产行业关注的热点。而在近期,广州保利西子湾"限价房"的推出,再次将这一话题焦点化。限价房应该如何定位?政府和市场在提供保障住房方面的参与深度应该如何确定?中国的住房保障之路究竟将走向何方?这些问题的答案,或将影响国内房地产长远发展的战略构架。

一、限价房:短期鲶鱼效应的矛盾体

作为一种新事物,"限价房"从一出生就吸引了众人目光,尤其是在保障性住房成为政府实践民生理想的重要措施之时。不可否认,"限价房"似乎是在顷刻之间就取代了经济适用房的保障性住房地位,一跃成为街头巷尾的流行词汇。那么,与经济适用房相比,限价房在"保障"性质方面有哪些不同呢?

根据对北京市相关的经济适用房和限价房政策的研究,我们认为,两者在优先销售对象和房屋产权性质方面的差异值得关注。

限价房和经济适用房的主要差异　　　　　　　　　　表1

	限价房	经济适用房
优先销售对象	中等收入住房困难家庭	低收入住房困难家庭
房屋产权性质	普通商品房,产权证上注明"限价商品住房"字样	政策性住房,产权证上注明"经济适用住房"字样

资料来源:北京市建委,上海五合智库(WISENOVA)

在优先销售对象上的差异,扩大了限价房的"保障"功能覆盖范围,让城市新兴中等阶层在面临高房价时看到了一种新的希望。也正是这一层意义,市场对于限价房的关注,自然不可避免。

然而,房屋产权性质的差异让限价房的"保障"性质陷入矛盾。我们认为,由于本质上的普通商品房定位,限价房不应该在产权的后续流通上设置诸多附加条件。遗憾的是,政策在这一方面的规定,似乎忽视了限价房的普通商品房定位,只是在经济适用房的对应条款基础上进行了简单的修改。简而言之,限价房政策具备保障性住房(如经济适用房)政策的外表,而普通商品房的定位让其"外表"失去了一定的存在意义。

那么,地方政府对限价房的关注,其意义究竟何在?如果把它放在房地产宏观调控的大背景下,或许更能把握问题的关键所在。

自从2003年以来,国内一线城市先后经历了房地产价格的连续上涨,而这种上涨趋势也开始逐步向二线城市蔓延。作为必然结果之一,城市中下收入阶层面对高企的房价,其支付能力日益捉襟见肘。显然,这将不利于国内社会经济的长期可持续发展。于是,抑制房价的过快上涨成为决策层关注的重点目标。从短期选择来看,政府介入住房市场,对市场预期进行干预,成为可以实际操作的措施。而"限价房"成为这种思路的一个体现。

仍以北京的限价房为例。根据相关资料，北京目前已经出现的限价房，其单价约为6500元/m²。结合北京不同收入家庭的收入和对应住房面积模拟，至少可以得到两个有意义的结论：

其一，限价房对于降低房价收入比，提高住房需求者的相对支付能力有较为明显的经济意义。按照平均水平，北京市场新建商品房的价格收入比应该超过两位数（根据部分市场研究者的计算，约为13）。而在我们的模拟计算中，除了低收入户，其他家庭的房价收入比均在9左右。值得一提的是，除单价之外，限价房在户型面积上的约束对于降低房价收入比的作用不容忽视。

其二，仅从房价收入比判断，限价房的销售对象其实是比较宽泛的。根据模拟结果，中低收入户、中等收入户以及中高收入户的房价收入比基本在同一水平上，并未发生质的变化。换言之，如果政策认为限价房覆盖中低收入家庭是合理的，那么我们有理由认为，限价房覆盖更多的家庭（包括大部分中高收入者）也是应该的。

北京"限价房"的房价收入比模拟　　　　表2

	对应的家庭情况	占总户数比例	总面积(m²)	总价(万元)	房价收入比
情景一	低收入户	20%	50	33.32	11.3
情景二	中低收入户	20%	60	39.98	9.2
情景三	中等收入户	20%	75	49.97	9.1
情景四	中高收入户	20%	90	59.87	8.7

注：1."限价房"单价取平均值=6663元/m²
　　2.家庭人均人口按3人计算
资料来源：上海五合智库（WISENOVA）

基于以上结论，我们认为，"限价房"并非针对某一特定群体的保障性措施，而只是决策层引导房价的一个风向标。因此，限价房政策只是宏观调控背景下的一种过渡手段，决策层希望此类商品房能对现有的商品住房市场结构形成冲击，产生短期的"鲶鱼效应"，为住房保障制度的建立与完善争取必要的时间。不过，限价房的"保障性"误读，如何在未来的市场发展和政策执行过程中加以补充与修正，仍然具有较大的不确定性。

二、政府参与方式：这是个问题

不可否认，决策层已经意识到，政府在住房保障制度建设的战略层面应该更有作为。但是，我们认为，为中低收入者提供住房保障的成熟方案估计仍需假以时日。其中，如何设计政府在住房保障方面的参与方式，将是解决问题的关键环节之一。从世界范围来看，各国政府对于这个问题的诸多答案，虽然未必能够完全适合国内的实际情况，但也不乏一定的借鉴作用。

概括而言，政府在解决中低收入家庭住房问题的参与方式上，主流模式无外乎以下两种。

第一种，政府全程参与住房实物提供和居民消费融资。此种模式以新加坡和香港地区为代表。而这两个地方在解决中低收入家庭住房问题上的经验也逐渐为国内所熟悉。这种模式下，专门的政府机构通过实际运作，一方面可在土地获取、规划设计以及房屋建造等环节获得相应的政策优惠，另一方面可为中低收入家庭提供相应的金融支持，以保障此类住房消费者具有基本的支付能力。作为一种对中低收入者的社会保障，此类住房在售后流通环节均

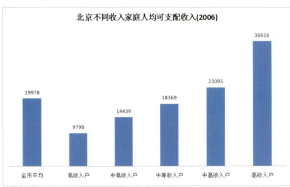

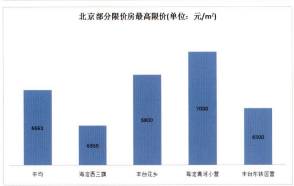

资料来源：北京市统计局，上海五合智库（WISENOVA）

会设置严格条件，以保证"物尽其用"。

新加坡与香港的住房保障运作简况　　　　　　表3

	新加坡	香港
专门政府机构名称	建屋发展局(HDB)	房屋委员会和房屋协会
土地及房屋提供环节	HDB政府机构的职能，使其能够以低于市场价格的价钱从私人土地所有者手中强制征用其发展所需的用地	以免费和下调地价向房屋委员会和房屋协会供地
居民消费金融支持环节	中央公积金	补贴租金
房屋售后流通环节	对居民购买组屋的次数作出严格限定；居民购买组屋后一定年限内不得整房出租，仅允许房主与租户合住；组屋在购买后5年之内不得转让，也不能用于商业性经营，否则将受到法律严惩	住户购得房屋在10年内不得转售，确实需要转售的居屋只能由房屋委员会回购。10年后居屋可以进入市场自由交易，但须向政府补交一定数额的地价

资料来源：上海五合智库（WISENOVA）整理

第二种，政府主要提供金融支持，增加中低收入者的实际支付能力。这种模式以美国为代表，其主要特点可用两个词来概括：市场化和金融化。

市场化主要体现在两个方面。其一，住房消费贷款的市场化。政府机构在绝大多数情况下，不直接向中低收入住房消费者提供贷款，而是通过私人商业银行，而联邦政府机构或半政府机构只是通过资本市场为私人商业银行提供流动性支持；其二，住房实物提供的市场化。政府一般情况下不会直接提供实物住房给中低收入家庭。

金融化主要体现在政府更多强调提高中低收入者的实际支付能力，并在这个过程中不断完善整个住房贷款系统的运作连续性。在联邦家庭贷款银行筹措的资金不足以支撑私人商业银行的放贷需求时，联邦政府通过房利美和福利美机构的运作，为私人商业银行提供充足的流动性。不过，这种金融安排通过衍生品的放大，提高了资本市场的系统风险，这也为美国"次级债"危机的爆发埋下了隐忧。

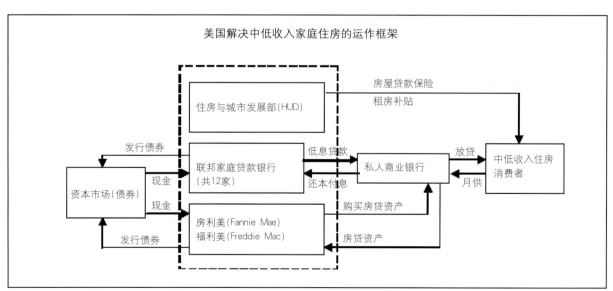

注：虚框内为政府机构或半政府机构
资料来源：上海五合智库（WISENOVA）

综合这两种模式，我们认为，对于中低收入者住房问题的解决，政府的主导作用不可忽视。至于政府的参与方式，仍然需要根据各国的具体情况有所侧重。在新加坡和香港，政府机构的参与度相对较深，尤其是在实物住房的提供上可谓不遗余力。这或许与两地政府在土地控制上的优势有关。而在美国，则是利用自身的金融资源优势建立相对完整的金融支持制度，而将实物住房的提供交给市场。这就好比政府利用自己的信用来帮助金融信用较低的中低收入家庭进行融资。这样的制度安排，可以让政府避开自身控制不强的土地来提供实物住房。显然，这不失为一种可行的方案。目前，国内住房保障推进似乎正沿着第一种模式前进。但是，新加坡和香港两地的经验能否在内地幅员广阔的区域加以复制，仍然不得而知。

三、新原点：住房保障的解决之道

既然"限价房"不能成为一种长期的住房保障制度，而国内决策层似乎更希望使用政府全程参与的方式来解决中低收入者的住房保障，那么，住房保障制度建设是不是要回到上世纪末"房改"之时的原点？

我们认为，从商品房、经济适用房和廉租房三层次住房系统来看，回到"房改"之时的原点并非没有道理。其中，经济适用房和廉租房构成中低收入者的住房保障。但是，从具体执行角度来看，强调细化和可操作性应该让新时期的住房保障有别于"房改"之时的原点。这应该在如下方面有所体现：

其一，加强住房保障的立法工作。从国外经验来看，对住房保障工作的重视往往是通过一系列的法律法规来体现。以美国为例。它先后制定并颁布了《住宅抵押贷款法》、《国家住房法》、《住房与城市发展法》、《国民可承担住宅》等法案，从法律制度层面对中低收入居民、特殊阶层、边缘化人群的住房保障问题进行了明确的界定。反观我国，虽然在不同时期出台过一些条例和规定，但迄今为止，最基本的《住宅法》都没有形成，不能不说是一种遗憾。

其二，解决地方政府提供住房保障所需的资金来源。从实践操作来看，由于资金投入的不足，地方政府往往会借助市场开发商的力量来提供保障住房（如经济适用房）。此时，地方政府为满足市场开发商的利润要求，可能会廉价出让一定比例的商品住房用地作为条件。在此种方式中，以盈利为唯一目标的市场开发商在提供保障住房方面的话语权偏高，无疑会产生一定的悖论。近期，广州"限价房"土地供应中出现的问题可能是一个侧面反映。显然，解决这一问题的关键仍然在于增加住房保障的资金来源，方能让政府在提供保障住房过程中掌握主动，确保政府在此过程中的主体地位。我们认为，可以从两个角度来考虑增加资金供给。一方面，可以考虑允许地方政府发行专门债券，用于廉租房和经济适用房资金的筹集；另一方面，可以考虑为中低收入者提供适当的政府信用融资，帮助中低收入者提高实际支付能力，间接增加资金供应。

其三，重视保障住房的动态管理。这需要建立一个合适的轮候和监督制度。我们认为，制定规范的收入统计制度，定期实施收入调查和申报，方能保证轮候制度的良好运转，从而确保保障住房真正为中低收入者所用。另一方面，需要对保障住房的上市流通进行更加严格的限制。

总而言之，"限价房"不能代替住房保障制度，而住房保障体系以经济适用房和廉租房为主体的结构短期内应该不会发生改变。从今年的中央政府工作报告对房地产市场的阐述来看，强调廉租房和经济适用房制度将成为08年工作重点。住房保障制度下一步如何演进和完善，有赖于各级政府的实际行动。

作者单位：刘力，5+1五合国际(WERKHART)
邹毅，上海五合智库(WISENOVA)

北京源树景观规划设计事务所
Yuanshu institute of Landscape Planning and Design,Beijing

Add：北京市朝阳区朝外大街怡景园 5-9B
Tel：（86）10-85626992/3
Fax：（86）10-85626992/3-555
P.t：100020
Http://www.ys-chn.com
E-mail:ys@r-land.cn

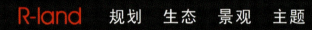

R-land　规划　生态　景观　主题

Design Group